重建恰如其分的自尊

（原著第二版）

（美）格伦·R. 希拉迪 著
（Glenn R. Schiraldi）

刘彦汝 刘佳 孙云婷 译

化学工业出版社
·北京·

图书在版编目（CIP）数据

重建恰如其分的自尊/（美）格伦·R. 希拉迪（Glenn R. Schiraldi）著；刘彦汝，刘佳，孙云婷译. —北京：化学工业出版社，2021.11
书名原文：The Self-Esteem Workbook
ISBN 978-7-122-39891-8

Ⅰ.①重… Ⅱ.①格… ②刘… ③刘… ④孙… Ⅲ.①自尊-通俗读物 Ⅳ.①B842.6-49

中国版本图书馆CIP数据核字（2021）第201286号

The Self-Esteem Workbook，2nd edition/by Glenn R. Schiraldi
ISBN 9781626255937

责任编辑：王　越　赵玉欣　　　正文插图：亓毛毛
责任校对：田睿涵　　　装帧设计：尹琳琳

出版发行：化学工业出版社（北京市东城区青年湖南街13号　邮政编码100011）
印　　装：三河市航远印刷有限公司
880mm×1230mm　1/32　印张6 1/2　字数142千字
2022年1月北京第1版第1次印刷

购书咨询：010-64518888　　　售后服务：010-64518899
网　　址：http：//www.cip.com.cn
凡购买本书，如有缺损质量问题，本社销售中心负责调换。

定　　价：59.80元　　　

前言

我们应该把自己视为生命的奇迹。

——弗吉尼娅·萨提亚（Virginia Satir）[1]

自尊不是幸福的唯一决定因素，但可以确定的是，它是最重要的因素之一。

深受人们喜爱的已故喜剧演员乔治·伯恩斯（George Burns，1984）说，“使人们幸福的大多数事情（健康、婚姻、养家、自尊等）都不会自己落入我们的口袋。我们‘必须在这方面多下点功夫’”。

自尊也是如此。就像培育花园一样，建立自尊需要持之以恒的努力。这本书中描述的计划需要每天花费大约半个小时，差不多150天的时间。这笔投资值得吗？当我们考虑到自尊对心理和身体健康的影响有多大时，就会意识到无论是短期还是长期的努力都是值得的。

我们即将开始的练习是“压力和健康心智”课程的核心组成部分，这是我在马里兰大学开发和教授的一门课程，研究发现，它能提高

[1] 弗吉尼娅·萨提亚（Virginia Satir）是美国首位家庭治疗专家，她创建了萨提亚模式（又称萨提亚沟通模式）的理论体系。——译者注。

18 ~ 68岁成年人的自尊，同时减少抑郁、焦虑和敌意症状（Schiraldi & Brown，2001；Brown & Schiraldi，2000）。虽然这本书的目标读者是成年人，但它的原则和技巧同样适用于青少年，如果略加简化，也适用于儿童。自2001年本书第一版问世以来，最令人欣慰的是，它已经帮助很多读者感到更快乐、更完整。读者们反馈，他们喜欢这本书是因为它易于使用、完整且简洁。然而，最近的研究发现让我们决定在这个版本中，增加几点重要的补充和修订：

1.“做好身体上的准备”这部分做了一些修改，以反映我们对大脑可塑性的新理解，以及睡眠、锻炼和营养是如何对大脑功能和心理健康产生重大影响的。

2.研究表明，真正的、成熟的爱会在生理和心理上给我们带来重大而有益的改变。因此，我增加了几个重要的章节来论证自尊的第二个基石：无条件的爱。

3.关于宽恕的部分鼓励我们用爱来代替内心的愤怒——这些愤怒会让我们的内心封闭起来——这样我们就能跨越过去，重新感受我们爱的天性，自由地成长。

尽管发生了这些重要的变化，这本书仍然保留了一个让人安心的主题：无论一个人（获得自尊）的道路多么艰难，健康、安全的自尊都是人人能获得的。

健全的自尊是通过练习与建立自尊的三个基石相关的技能来培养的：无条件的价值、无条件的爱和成长。我真诚地希望，这本书中的技能会在你的人生旅途中提供精神上的鼓舞和支持。

目录

了不起的自尊

自尊影响生活的方方面面

能够保持恰如其分的自尊是一件多么幸运的事啊！恰当的自尊是维持良好身心状态的核心，它和高生活满意度、高幸福指数相关。在1992年的盖洛普调查中，89%的受访者表示，恰当的自尊对于激励一个人努力工作、获取成功至关重要；相对于其他变量而言，自尊是最重要的动力。显而易见，拥有恰如其分的自尊会促使人们做出健康的行为，让他们更友好、更富有表现力、更活跃、更自信，也更容易信任他人；而更少被内在问题和自我批评困扰（Coopersmith，1967）。当那些拥有恰当自尊的人遭遇心理问题时，他们更倾向于寻求专业帮助；他们戒酒的复发率也更低（Mecca，Smelser & Vasconcellos，1989）——如果有人想从文献资料里找到证据，证明拥有健康的自尊会带来什么消极影响的话，那他一定会大失所望。因此，本书的假设是：拥有健康的自尊不仅可以帮人们减少不必要的压力和疾病，更是一个人人格成长的必要基础。

与健康的自尊相反，自我厌恶会损害健康和社会功能，成为人们生活中的“无形障碍”。自我厌恶会导致：

- 抑郁
- 焦虑
- 压力和创伤症状
- 身心疾病（例如头疼、失眠、容易疲劳以及消化道不适）
- 敌意、暴怒或难以纾解的愤怒，无法喜欢和信任他人，争强好胜

- 虐待伴侣和孩子
- 经常陷入到糟糕的关系中
- 酗酒和药物滥用
- 进食障碍和不健康的节食
- 缺乏有效沟通（要么就是过于随和，要么就是咄咄逼人、充满防御、爱挑剔、尖酸刻薄）
- 性滥交
- 过度依赖
- 对批评过于敏感
- 习惯性地伪装自己
- 社交困难（例如社交退缩）和感到孤独
- 表现较差
- 对困难过度关注
- 为社会地位担忧
- 犯罪行为

尽管培养恰当的自尊如此重要，但令人震惊的是，“如何直接建立自尊”这个问题几乎被心理治疗界忽略了，反而是“间接建立自尊”的议题得到了一定关注。比如，一个常见的咨询目标是建立自尊，但事实证明，减少疾病症状对间接建立自尊无益。因为缺乏全面的方法，一些人根据不健全的原则开出了快速“修理”自尊的处方，虽然他们心怀好意，却不知道这些方法从长远来看，实际上会损害自尊。

本书基于可靠的原则，提供了一个循序渐进的计划，以帮助读者建立起健康的、现实的、总体上稳定的自尊。而仅仅知道方法是远远不够的，这个计划还要求读者应用和实践书中介绍的技能。正如亚伯拉罕·马斯洛（Abraham Maslow）所指出的，培养一个人的自尊需要诸多重要的影响因素。因此，读者需要抑制想要快速读完这本书的冲动——在尝试下一项技能之前，应该确保已应用和掌握了当下的每一项技能，因为本书中每个提升自尊的技能都是基于对前文技能的掌握。

测测你的自尊水平

下面的自查问卷将为你提供一个起点，并衡量你在阅读本书时尝试建立自尊的进展。它既没有什么难度，也不需要你和别人比较分数高低。所以请尽量放松，并且尽可能诚实地作答。

自尊自查问卷

首先，请用0 ~ 10来评价下列陈述在多大程度上符合你的情况：0表示完全不符合，10表示完全符合。

陈述	评分
1. 我是一个有价值的人。	
2. 我和其他任何人一样有价值。	
3. 我拥有生活得幸福所需要的品质。	
4. 当我在镜子里看到自己的眼睛时，我会有愉快的感觉。	
5. 我不觉得自己是个彻底的失败者。	
6. 我可以自嘲。	
7. 我很开心做我自己。	

续表

陈述	评分
8.我喜欢我自己，即使在别人拒绝我的时候。	
9.我爱我自己，支持我自己，不管发生什么。	
10.总地来说，我对我成长为自己的方式很满意。	
11.我尊重我自己。	
12.相比成为别人，我更愿意做我自己。	
总分	

接下来，请在下面的刻度线上标出你的自尊水平（Gauthier，Pellerin & Renaud，1983）：

0 —— 100

完全缺乏自尊 —— 完全拥有自尊

你的回答：________________

你在日常生活中会经常因为缺乏自尊而受到限制吗？

1	2	3	4	5
总是	经常	有时	偶尔	从不

你的回答：________________

你有自尊问题吗？

1	2	3	4	5	6
没问题	轻度问题	中度问题	严重问题	极其严重	完全丧失自尊

你的回答：________________

自尊到底是什么？

“自尊”是一种现实的、欣赏自己的观点，它对我们的人生旅途极为重要。“现实”意味着准确和诚实；“欣赏”意味着积极的感觉和喜欢自己。有些人会用高自尊和低自尊的说法，这让自尊看起来像是一个充满竞争和比较的数字游戏——更好的说法是，当人们对自己有现实的和欣赏的看法时，我们就可以认为他们拥有自尊。图1阐明了自尊的含义，它正好介于“自我挫败的羞耻”和“自我挫败的骄傲”之间。

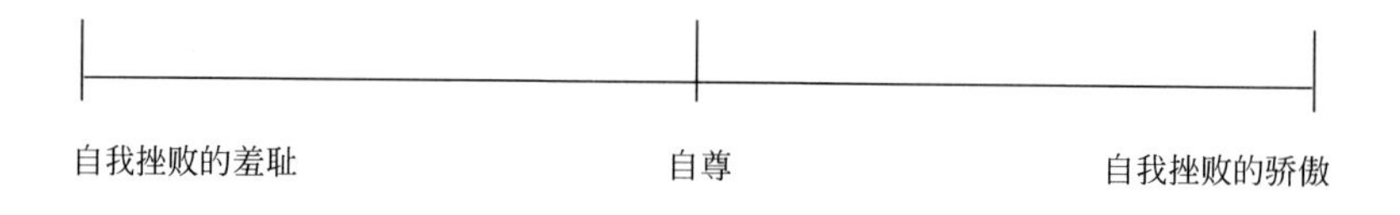

图1　自尊的含义

那些处于“自我挫败的骄傲”状态中的人试图要优于其他所有人。他们傲慢、自恋，认为自己比其他人更好、更重要；他们居高临下地看待他人，将他人看作竞争对手；对他们来说，力争上游意味着一定要把其他人“踩在脚下”。“自我挫败的骄傲”往往植根于不安全感。如果你研究一下那些有名的独裁者的生活，就会发现他们也没有自尊良好的父母作为榜样。

具有“自我挫败的羞耻”或“自我挫败的谦虚”的人，认为自己不如别人。他们完全仰视地看待他人，把自己看作地上的尘土。他们对自己有一种不现实和不欣赏的看法。

与上述两种情况不同，自尊的人认为他们既不优于别人也不低于别人。尽管知道自己的缺点和不足，他们仍然为成为自己感到高兴（Briggs，1977）。他们就像很了解你的好朋友，无论如何都喜欢你，因为他们认识到你的善良、卓越和潜力，这些都与你的缺点并存。自尊的人会平等地看待他人。

与自尊相关的概念

自尊经常被忽视，因为它本身以及和它相关的概念可能令人感到困惑。让我们通过澄清与自尊相关的概念来解开这些困惑。

○ 身份认同

“身份认同”回答了这些问题：我是谁？是什么定义了我以及我的本质特征？身份认同提供了一种对自我和个性的感觉（例如，截瘫患者的身份认同不是由残疾的身体定义的，而是由真实的或内在的自我定义的）。

○ 欣赏

欣赏就是赞赏、珍惜、喜爱，由衷地认可；就是公正地评估某人或某事的品质或价值。

○ 接纳

接纳就是欣然地接受，就是赞同、相信，并且对某人或某事做出积极的回应。自我接纳是相信自己，欣然接受自己。一个人可以准确地认识到自己的弱点，下定决心改进，但仍然接受这样的自己。他们内部世界的对话可能是这样的："我承认我的错误；我爱我自己，虽然不一定爱我所有的行为；当我改进我的行为时，我对自己和自己的行为感觉良好。"

○ 自信

"自信"通常指相信自己的能力，它与胜任力和自我效能有关。随着一个人的胜任力增强，他的信心也会增强。从更广泛和深刻的意义上来说，自信是对自己的一种信念，它会使你产生一种"我能行"的感觉。自信的人可能会对自己说："一切皆有可能，只要有足够的时间、练习、经验、资源……我也可以做到。我可能不会完全或很快成功，但这个方向是令人向往的。展示自己的能力能带来满足感，但这是自我价值的一种产物，而不是建立自我价值的方式。"

○ 骄傲

英国大臣查尔斯·迦勒·科尔顿（Charles Caleb Colton，1780—1832）写道骄傲"使一些人变得可笑，但使另一些人免于可笑"。正如这句话所暗示的，骄傲有两面性，并且这两个方面与自尊相关：自我挫败的骄傲和健康的骄傲。

如前所述，"自我挫败的骄傲"是一种认为自己比别人更优越、更有价值或更重要的态度。这些人也认为自己比实际的更有能力、更自立，一贯正确而永无过失。"自我挫败的骄傲"的同义词包括"傲慢""自大""自负""自命不凡"（即试图给人留下深刻印象）"虚荣"（即过度渴望或需要被人崇拜）和"自恋"（即自私、自我膨胀、剥削成性）。"自我挫败的骄傲”通常植根于恐惧（如害怕自己变得脆弱）和（或）需要保护自己。

“健康的骄傲”是对自己的尊严或价值的一种现实的认识，是对自我的尊重，是对自己的成就、才能、服务或身份（即家庭出身、种族等）的感激和高兴。

○ 谦虚

谦虚也有两面性：自我挫败的谦虚和健康的谦虚。“自我挫败的谦虚”是懦弱的顺从，是卑躬屈膝，是极度缺乏自尊的表现（即“低到尘埃里”）。“健康的谦虚”则不存在自我挫败的骄傲，而是承认自己不完美或有弱点，意识到自己的缺点和无知，同时也认为人是有可塑性的。健康的谦虚者意识到所有人都是平等的，且更可能表现出谦恭的行为，他们温和、有耐心，不容易被激怒。

自尊的人同时拥有健康的谦虚和健康的骄傲：谦虚是因为他意识到自己还有很多东西要学习，而骄傲在于认识到自己与其他人一样拥有尊严和价值。

从下面这个有趣的故事（De Mello，1990）中，我们可以看到一个缺乏健康谦虚的人。

一位宗师建议一位学者：“走到雨里去，向上举起你的手臂。那会给你带来启示。”

第二天，学者回来报告，“当我按你说的做时，水顺着我的脖子流下来”，他告诉宗师，“我觉得自己像个十足的傻瓜”。

“在第一天，这已是相当大的启示。”宗师回答。

○ 自私

有些人错误地将自私等同于自尊。所以让我们陈述一个重要的原则：自尊的目的是超越自我。自我意识是一种痛苦的状态，它使一个人的注意力集中在内心。用爱抚平痛苦，能使你的注意力向外扩展，使你更自由地去爱别人和享受生活。有自尊的人会在安全的基础上，有选择地去爱（与之相反的是一个既没有自尊又没有选择的共生的个体）。因此，建立自尊需要我们尽最大的努力。

自尊水平由谁决定？

榜样决定自尊的起点

自尊从何而来？研究结论非常清晰地表明：如果你想要拥有自尊，就得好好“选择”你的父母。有良好自尊的孩子往往有自尊良好的父母作为榜样。这些父母始终如一地爱他们的孩子，表达对孩子的生活和朋友的兴趣，给予孩子时间和鼓励。我想起有人问他的邻居，“为什么你花了一整天时间和你的儿子修理那辆自行车？明明自行车店可以在一个小时内修好它！”邻居回答说：“因为我是在养育我儿子，而不是在修自行车。”

培养出自尊孩子的父母对孩子有高标准和高期望，但这些期望是明确的、合理的、一致的，同时会给予孩子支持和鼓励。他们的教养风格是民主型的，即尊重孩子的意见和个性，但重要的事情由父母做最后的决定。

实际上，父母传递的信息是："我信任你，但我也认识到你并不完美。无论怎样，我都爱你，因此我会花时间来引导你、给你设限、约束你；因为我相信你、珍视你，所以期待看到最好的你。"这些信息与专制型父母所传达的不信任或纵容型父母所传达的缺乏关爱大相径庭。

有些人没有自尊良好的父母作为榜样，但仍建立了健康的自尊。他们是如何做到的?

我们仍可以重建自尊的基石

原则上，自尊大体是稳定的，但它会随着思维模式的不同而波动，甚至每天的自尊水平都是有波动的；而思维模式会受到身体健康状况、药物、外表和人际关系等因素的影响而发生变化。我们应该乐观地看待自尊可以波动这一事实，因为它表明自尊可以改变。

大多数人认为我们从我们的所作所为、我们的技能、我们的性格特征和天赋或者他人对我们的认可中获得价值感。但我认为这些都不是建立自尊的好起点。改变自尊首先要了解建立自尊的要素。自尊基于三个连续的要素：无条件的价值、无条件的爱、成长（图2）。

虽然这三个因素都是建立自尊的关键，但顺序至关重要。自尊首先基于无条件的价值，然后是无条件的爱，最后是成长。许多人在试图建立自尊时变得沮丧，因为他们直接从成长开始，忽视了前两个重要的因素：无条件的价值和爱。没有安全的基础，自尊就会摇摇欲坠。因此，最好的方法是避免走捷径——我们将在后面的章节进行详细阐述。

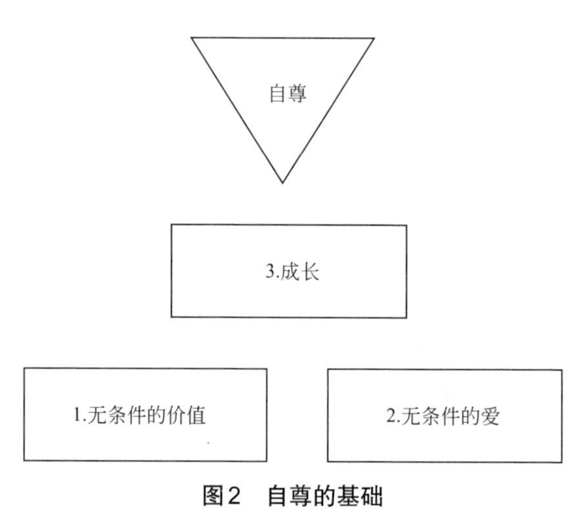

图2　自尊的基础

为什么重建自尊不容易？

有些人没有建立自尊，是因为他们不知道如何建立；但有些人拒绝建立自尊，是因为自我厌恶有明显的好处。在投入时间建立自尊之前，让我们先做一个高效的管理者在考虑新计划之前会做的事情：成本效益分析。

成本效益分析

首先，列出你能想到的所有自我厌恶的好处；之后，再列出所有的坏处。例如：

自我厌恶的好处

- 没有风险。我对自己没有期望，别人对我也没有期望。我可以很懒，设定低目标。我很少让自己或他人失望。
- 世界是可以预测的。当别人不接受我时，我能够理解他们，因为我也不接受我自己。我明白不必尝试去改变。
- 有时我会得到同情和关注，至少一开始是这样。
- 这是我的家庭准则。当我遵循这个模式时，我觉得自己很合群。
- 它让我远离自我挫败的骄傲。
- 这证明了我不良的穿衣打扮习惯是合理的。

自我厌恶的坏处

- 这会让我痛苦。
- 生活没有乐趣。
- 它会导致心身症状和疾病。
- 形成恶性循环：因为我对自己的评价很低，所以我不去尝试；然后别人对我不好，他们认为我的悲观和冷漠是无能的表现；他们对我的恶劣态度证实了我对自己的低评价。

你的描述：

自我厌恶的好处

____

____

____

____

自我厌恶的坏处

____

____

____

____

这个分析引出的本质问题是：对我来说，自我厌恶是否在情感、身体或社会成本方面造成困难？其他相关的问题包括：有什么方法可以在建立自尊的同时满足我对关注、帮助、安全感等的欲望？为了获得自尊，我愿意冒险（即失去自我厌恶的好处）吗？

有些人发现在开始改变之前先试一试是很有帮助的。试着回答这个问题：对自己有现实和欣赏的观点会有什么积极的结果？

以下是一些例子：

- 我会不那么容易被说服。
- 我会不那么容易害怕。
- 享受快乐和个人满足感会让我更有动力。
- 我会更快乐。
- 我会更多地尝试。
- 我会更多地冒险。
- 我会更自在地面对我的不完美，也更愿意去完善它们。
- 我对自己的人际关系更满意，不太可能执着于和不值得的人在一起。
- 表达自己的感受时，我会更自在。
- 我会少一些自私和自我保护。
- 当事情出错时，我会更少地质疑自己和自己的行为。
- 我会更少地担忧。
- 我更有可能被尊重和善待。
- 我会被认为更有吸引力。
- 我会更加享受人生。
- 我会做更好、更客观的决定。

- 我喜欢真实的自己，而不是那个我认为“应该”成为的假的自己。

把你的答案写在下面：

____

____

____

____

____

10KG

重建自尊第0步——做好身体上的准备

身体和心理是紧密相连的——如果你想保持内心愉悦，那么一定要照顾好身体，包括大脑；那些感到有压力、疲劳和情绪低落的人往往缺乏锻炼、营养不良且休息不足，他们总认为照顾身体要花太多时间或者太困难，因此希望找到快速的解决方案，让他们可以忽视基本的生理需求，却损害了自己的精神健康，也对个人表现造成消极影响。因此，我们不能一面忽略身体的需要，又一面期望自己感觉很好。花时间照顾身体毫无疑问是一种明智的投资：它能通过提高你的工作效率来节省时间。更重要的是，身体健康会改善你的心情；反过来，情绪也会影响你对自己的体验。

本章的目的是帮助你建立和执行一份简单的书面计划，以获得最佳的身体健康状态，这项计划包含以下三个方面：规律运动、科学睡眠以及“地中海”式饮食。

优化大脑“硬件”

把大脑想象成一台电脑。我们可能有强大的软件（比如自尊策略），但是如果硬件（神经元的健康和功能）迟缓，大脑这台“电脑”就无法实现最佳运行。

压力和衰老会使脑细胞（神经元）损伤、萎缩或受到损害，尤其是负责思考和情绪调节的大脑区域的神经元。幸运的是，健康的饮食、运动和睡眠可以将这种伤害最小化甚至逆转；而改善心脏健康和身体健康的举措，通常也会改善情绪、大脑健康水平和大脑功能。上述因素通过以下机制共同作用来优化大脑机能：

- 增加流向大脑的血液；
- 清除大脑中的毒素；
- 加强和促生神经元、神经元之间的连接以及支持组织；
- 减少神经元内的炎症和氧化应激；
- 加强血脑屏障，防止毒素和炎症因子进入大脑；
- 促进身体减脂。

强健体魄

规律运动

运动能提高自尊和心理健康；还能改善睡眠，增加能量，帮助调节压力，促进减脂。

规律运动的目标是每天（或大部分日子）至少做30分钟有氧运动（如快步走、骑自行车、游泳、爬楼梯和慢跑）。力量（阻力）训练和灵活性训练会带来额外的好处，因此如果时间允许，可以把它们列入你的运动计划；如果你没办法做到，或者这让你觉得难以承受，那就满足于有氧运动吧。只要运动就会有所收获，即使是10分钟的“活力步行”，即使只离开办公桌休息一下，也能增加活力、改善情绪（Thayer，1989）。

慢慢地开始运动，逐渐增加运动量，不必和任何人“比赛”。运动应该让你感觉神清气爽、精力充沛；它不应该伤害你，也不应该让你疲惫不堪。如果你入睡困难，那就试着在晚饭前或更早的时候运动，清晨运动有助于调节睡眠节奏，在阳光下运动能帮助身体合成维生素D，从而在很多方面改善大脑功能。如果你已经超过40岁，有任何已知的心血管疾病或其他危险因素，或者你对开始运动有任何顾虑，请咨询医生。制订锻炼计划，尽你所能去开始运动吧!

科学睡眠

许多研究都将睡眠不好与情绪低落联系起来（Diener，1984）。幸运的是，近年来研究人员发现了许多改善睡眠的方法。睡眠的三个要素是至关重要的：睡眠时间、规律和质量。

○ 适当的睡眠时间

大多数成年人每晚至少需要七个半小时的睡眠。在此基础上，每晚多睡1 ~ 1.5小时的成年人，通常感觉更好，表现也更好。然而，如今的生活方式蚕食了我们的睡眠时间，以至于许多成年人长期睡眠不足。每晚只要多睡20 ~ 30分钟，就能显著改善情绪和表现。许多睡眠研究人员建议大多数人每晚至少睡8小时。

○ 睡眠的规律

我们需要规律地入睡和起床来使身体的睡眠周期稳定，否则（例如周五和周六睡得比平时晚得多）可能会导致疲惫和失眠。

因此，保证良好睡眠的秘密是：睡眠时间比你认为你需要的多一点，并且在一周中尽可能保持入睡和起床时间规律，每晚变化不超过一个小时——即使是在周末。

○ 睡眠的质量

让卧室成为一个可以安静睡觉的地方。把电话、电脑、电视、工作和能让你阅读的东西都放在卧室外，睡觉前至少一小时关掉电灯和发光的电子设备（电子设备发出的蓝光对睡眠的干扰特别大）；确保清晨的阳光不会从窗外射进来；消除噪声或用白噪声（例如风扇声或自然声）掩盖它；避免在睡前4小时内进食；睡前至少7小时减少或避免摄入咖啡因和尼古丁等刺激性物质；酒精会加速入睡，但之后会起到刺激作用，让人难以熟睡，所以睡前几小时不要喝酒；如果打鼾或呼吸暂停影响了你的睡眠质量，请咨询医生。

“地中海”式饮食

大量研究表明，美国卫生与公众服务部发布的《2015—2020年美国人膳食指南》中所描述的“地中海”式饮食习惯对大脑有益。这种方式会提供丰富的保护大脑的抗氧化剂、矿物质和维生素，其中包含：

- 大量鱼类和植物性食物（蔬菜、水果、种子、坚果、全谷类、草本植物、豌豆、扁豆、橄榄油或菜籽油）；
- 少量动物（或饱和）脂肪（例如红肉和加工肉类、高脂肪奶制品），少量精制谷物，少量含糖的食品和饮料，少量加工食品和快餐食品（通常含有糖、盐、精制面粉、防腐剂和不健康的脂肪——所有这些都要尽量减少）。

对大脑有益的饮食习惯遵循以下原则：

- 从植物性食物中摄取大部分热量。新鲜的、冷冻的和经过最少加工的植物食品通常是最好的，因为它们往往添加较少的糖、盐和脂肪，含有更多的纤维素。
- 尽量少吃肉，尤其是红肉和加工过的肉类（如咸牛肉、培根、火腿、意大利腊肠、热狗）。减少肉类的分量，尽可能选择瘦肉（例如不带皮的家禽肉）；每周吃几份海鲜或肉类替代品（如豌豆、扁豆、坚果或种子）。

想象你的盘子里大多是植物性食物，肉是配菜，你就会对前两条原则有很好的了解。

- 吃一顿丰盛的早餐，不要错过每一餐，以保持血糖稳定。早餐要有高质量的蛋白质来源（例如鸡蛋或酸奶），每餐要平均分配蛋白质。高糖的甜食会导致血糖波动，所以尽量少喝含糖的苏打水，少吃过甜的饼干等。
- 保持充足的水分摄入。每天多喝水，因为即使是轻微的脱水也会影响情绪和身体机能。根据体重、活动量和环境条件，你每天可能需要13杯或更多的液体来维持最佳的大脑功能和情绪——如果尿液呈透明或淡黄色，表明水分摄入充足。此外，饭前喝两杯水有助于减肥。
- 避免滥用药物。大脑成像显示，任何过量的药物（包括咖啡因、酒精、尼古丁和所谓的消遣性药物）在导致大脑结构发生明显变化之前，就会对大脑功能产生不利影响。这些物质也会影响睡眠。

第一个两周计划：照顾身体

尝试制订一个你可以遵循的计划，并在接下来的14天里开始练习。实际上，你会在阅读本书的整个过程中乃至之后的生活中一直坚持这个计划，所以，尽量让它切实可行、容易坚持。给自己几天时间来“努力”实现计划中的目标是完全可以的。

1.每天（或每周大部分时间）运动30~90分钟，争取每天做至少30分钟有氧运动。请描述你的计划：

____

____

____

____

____

____

____

____

____

____

2.每晚睡____个小时（比你认为你需要的时间多一点），从______（你要休息的时间）到______（你醒来的时间）。

3.每天至少吃三餐，选择健康的食物。

记录14天，看看你的计划坚持得怎么样。在这14天里，你可以按需要调整计划，然后继续执行计划。

每日记录表

<table>
<tr><th rowspan="2">天数</th><th rowspan="2">日期</th><th rowspan="2">运动
（分钟）</th><th rowspan="2">餐次</th><th colspan="3">睡眠</th></tr>
<tr><th>时长</th><th>上床时间</th><th>起床时间</th></tr>
<tr><td>1</td><td></td><td></td><td></td><td></td><td></td><td></td></tr>
<tr><td>2</td><td></td><td></td><td></td><td></td><td></td><td></td></tr>
<tr><td>3</td><td></td><td></td><td></td><td></td><td></td><td></td></tr>
<tr><td>4</td><td></td><td></td><td></td><td></td><td></td><td></td></tr>
<tr><td>5</td><td></td><td></td><td></td><td></td><td></td><td></td></tr>
<tr><td>6</td><td></td><td></td><td></td><td></td><td></td><td></td></tr>
<tr><td>7</td><td></td><td></td><td></td><td></td><td></td><td></td></tr>
<tr><td>8</td><td></td><td></td><td></td><td></td><td></td><td></td></tr>
<tr><td>9</td><td></td><td></td><td></td><td></td><td></td><td></td></tr>
<tr><td>10</td><td></td><td></td><td></td><td></td><td></td><td></td></tr>
<tr><td>11</td><td></td><td></td><td></td><td></td><td></td><td></td></tr>
<tr><td>12</td><td></td><td></td><td></td><td></td><td></td><td></td></tr>
<tr><td>13</td><td></td><td></td><td></td><td></td><td></td><td></td></tr>
<tr><td>14</td><td></td><td></td><td></td><td></td><td></td><td></td></tr>
</table>

热身运动——重建自尊的良好开端

请保持舒适的坐姿，做几次深呼吸，放松，然后写下你对以下问题的回答。

1.最近，你的自尊处于什么水平？有些人简单地回答了这个问题，比如低、中、高，或者用1～10评分；有些人的答案更加复杂，例如，你可能会注意到你的自尊实际上是波动的，或者尽管你变得更强了，但仍然与你正在犯或者已经犯过的错误作斗争，仍然在与你自己或者别人赋予你的期望作斗争。诚实地承认现实是需要力量和勇气的。观察你现在的处境，不要评价自己，也不要猜想别人会怎么想。

____

____

____

____

____

2.你的原生家庭对你的自尊有何影响？是好的还是坏的？

____

____

____

____

____

3.你学到过哪些提高自尊的方法?

4.是什么(如果有的话)让你变得不如别人?

5.什么(如果有的话)能让你成为一个更优秀的人?

6.用彩笔在一张空白的纸上画出你对自己的看法。用非言语的形式表达你对自己的感受，这是一种很有启发性的方式，可能会带来意想不到的收获。

第三、第四和第五个问题的答案，尤其可以让我们深入了解到底是什么最终能够增强自尊，尽管不是像大多数人想的那样。你注意到那些最能提升自尊的事情也会威胁到自尊吗?例如，如果加薪会提升你的自尊，那么没有获得升职会导致自尊下降吗？如果赞美让你感觉优越，那么被批评会让你感觉低人一等吗？如果爱情能提升自尊，那么一段不成功的关系会摧毁自尊吗？

许多人认为我们从我们所做的事情中获得价值：价值来自技能、天赋和性格特征，或者来自他人的认可。虽然所有这些都是值得拥有的，但我认为这些都不是建立自尊的良好开端。那么，人的价值从何而来？

"我并不想说生产力是错误的或者需要被轻视。相反，生产力和成功可以大大提高我们的生活品质。但是，当我们作为一个人的价值取决于我们用双手和头脑创造的东西时，我们就成了这个世界'恐惧战术'的受害者。当提升工作能力成为克服自我怀疑的主要方式时，我们就很容易被拒绝和批评伤害，并产生焦虑和抑郁。工作能力强永远不能带来强烈的、深层次的归属感——我们做得越多，就越意识到成功和结果与'有家'的安定感觉无关。在这个意义上，碌碌无为和精明强干是相同的：它们都让我们怀疑自己是否有能力过富足的生活。"

卢云神父[1]的这段话对你来说意味着什么？请用四个完整的句子回答。

1. ______________________________

____

____

---

[1] 卢云神父（Fr. Henri J. M. Nouwen，1932.1.24—1996.9.21），原籍荷兰，1957年晋铎。曾任教于美国圣母大学、耶鲁大学和哈佛大学。自1986年应方舟团体（L'Arche）之邀加入黎明之家（Day Break）服务智障人士，直到因心脏病突发安息主怀。——译者注。

2. ____________________

____

____

3. ____________________

____

____

4. ____________________

____

____

如果像卢云神父所说的那样，价值和精神幸福不是生产力的结果，那么在你看来，是什么提升了价值感和幸福感呢？这些是可以学会的吗？你会如何教一个孩子获得价值感和幸福感呢？

卢云神父接着说：

“与珍·瓦涅和他的残疾人朋友生活在一起，让我意识到我是多么功利。他们无法在商业、工业、体育或学术领域参与竞争，但对他们来说，穿衣、走路、说话、吃饭、喝酒和玩耍都是重大的‘成就’，这让我非常沮丧。我可能已经从理论上认识到，存在比行动更重要，但当我与他们在一起时，我意识到我离‘领悟’这种认识还有多远。”

你认为有比身体残疾更严重的残疾吗？

____

____

____

如果你有残疾（精神上、身体上或情感上），什么样的心态能让你远离精神痛苦？

____

____

____

____

重建自尊第1步——无论怎样，我都有价值

我们的价值从何而来？

为什么人们愿意花费数百万美元从一口井里救出一个两岁的小女孩，尽管她从来没有做过任何值得注意的事情？为什么我们会深爱一个孩子？我们和一只狗或一个无生命的物体之间有哪些相似之处？又有什么不同？

每个人都有价值

每个人都有价值，这至少有以下四个原因：

1.先天禀赋

人的天性是快乐的。看一个孩子在落叶中玩耍或感受大自然的美是很有趣的；爱孩子，看着他们展现微笑、快乐、喜爱，开心地玩闹，或充满安全感、满怀热情地面对这个世界，也是很有趣的。

2.能力

当人们的行为令人讨厌时，我们可以设想他们用艺术、工艺或其他创作，用快乐、接纳和鼓励的情绪，用欢笑、工作和爱来美化生活的潜力。能力是与生俱来的，人们可以发现和发展它们。当我们犯错时，我们有能力及时纠正。因此，人类虽是容易犯错的，但同时也是无限地趋于完美的，并且有一种“将食物乃至希望转化为生命能量的能力”（Cousins，1983）。神学家认为人类是按照上帝的形象和样子创造出来的；人就像一粒种子——是完整的，在胚胎阶段就拥有一切可以想象的能力：理性思考、表达情感、牺牲、爱、作出伦理选择、认识真理和价值、创造、美化、温和、耐心和坚定。

3. 过去的贡献

如果一个人曾经为他人或自己的幸福做过贡献——不论是什么，无论大小——就可以说明这个人并不是没有价值的。

4. 身体的技能

虽然身体是外在的，但它是核心自我的一个很好的隐喻。在今天的文化中，有许多影响因素倾向于把身体“物化”。媒体会美化把他人作为娱乐对象的做法。许多人遭受过身体虐待，并因此觉得自己的身体很恶心；而更大的危险是因此贬低核心自我。另一方面，用尊重的态度思考身体的奇妙复杂之处可以帮助我们重视核心自我的价值。

有时人们会问，“如果我长得丑或有残疾怎么办？”“我怎么才能觉得自己是有价值的呢？”我会请他们假设自己部分或完全瘫痪，并想出仍能维护和体验自己价值的方法。答案往往很有启发性：

- 我可以通过我的眼睛传达爱；
- 我可以学着让别人帮助我，并享受他们的帮助；
- 我可以改变我的想法，学着定义我自己，而不仅是我的身体；
- 我可以展示我的意志（例如欣赏我所看到的，尝试移动一根手指，或提高我的思维能力）。

我们的基本概念是：价值本就存在。无论你是在睡觉还是在工作，它都在那里。核心价值不是行为、地位或任何其他外在的东西。我们的挑战是体验和享受这种核心价值。

价值既不是通过比较得到的，也不是通过竞争得到的，正如这位父亲讲述的那样（Durrant，1980）：

> 我的三个孩子在公园里荡秋千，其中两个玩得很起兴，他们一起前后摆动，德文说，“我在追凯瑟琳”，凯瑟琳看过去说，“我在追德文”。小玛琳达的秋千停在中间，因为有微风，她勉强摆动了两下。听到哥哥姐姐在彼此追赶，小玛琳达说：“我只是在追我自己。”

即使在很小的时候，孩子就能理解内在价值的概念，这种内在价值不是比较和竞争的结果，而他（她）会因此过得更好。

价值本就存在

“无条件的人类价值”意味着你作为一个人是重要和有价值的，“霍华德定律”对此给出近乎完美的描述，该定律源于克劳迪娅·A.霍华德（Claudia A. Howard，1992）的著作，包含以下五点：

1.所有人都具有内在的、无限的、永恒的、无条件的价值。

2.人人都有平等的价值。价值不是比较或竞争的结果。虽然你可能更擅长体育、学术或商业，我可能更擅长社交，但作为人，我们的价值是平等的。

3.外在因素既不会增加价值，也不会减少价值。外在因素包括金钱、外貌、表现和成就——它们只会增加一个人的市场价值或社会价值；然而，作为人的价值是无限的、不变的。

4.价值是稳定的，永远不会面临风险（即使有人拒绝你）。

5.一个人的价值不需要挣得或证明。它已经存在了，你只要承认它、接受它、欣赏它。

“人的核心”有时也被称为本质的、精神层面的自我，它就像一个水晶球（图3），每个面都反射出绚烂的阳光。

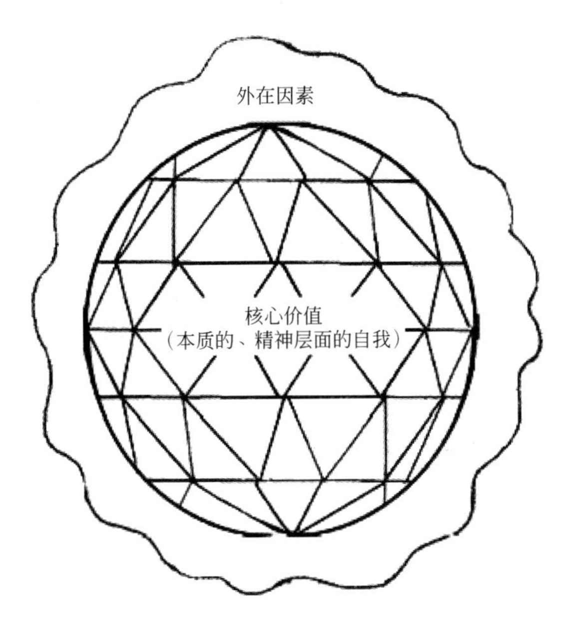

图3　核心自我水晶球

从根本上来说，核心自我就像新生儿一样，它是健康的、完好无损的——我们每个人在胚胎阶段就已经拥有自己必需的特质；而核心自我本就是完整的、美好的、可爱的、充满潜力的，但并未完全发育成熟。乔治·杜兰特（George Durrant，1980）是一位善良而充满爱心的老师，他分享的一则故事向我们展示了核心自我的内在品质：

> 一位父亲和他的孩子们玩摔跤游戏，他觉得自己累了，所以假装死了（这是他的一种休息方式）。小男孩们很担心，一个年龄大一点的男孩掰开了爸爸的眼睛，他安慰弟弟说："他还在那里。"

还在那里的东西是核心自我。随着时间的推移，核心自我被外物包围，甚至被隐藏起来，就像水面的一层灰尘；而也有一些外物（如光环）可以照亮核心，让它被看到或体验到。例如，错误或批评可能掩盖了核心，使一个人很难看到和体验自己的价值；而别人的爱帮助我们感受到自己的价值，展示才能是表达价值的一种方式——但它们改变的是价值的体验方式，而不是价值本身。

有些人终其一生都在努力使自己看起来光鲜亮丽，以掩盖内心的羞耻感或无价值感。然而，当我们用外在的东西来填补核心自我的空虚感时，我们就永远不会感到满足，反而可能会不停地寻求认同或变得愤世嫉俗。精神科医生告诉我们，他们总能听到这样的疑问："医生，我很成功。可是我为什么不快乐？"

我们不可能通过个人表现或任何其他外部因素来获得核心价值。它本就存在，独立于外物。

核心价值独立于外物

体能
形象或外貌
优势
智力
教育
性别
种族、民族或肤色
学业成绩或分数
技能
友谊
天赋
创造力
残障

物质条件
财富
错误
行为
决策
身份和地位
身体健康
礼仪
净值或市场价值
嗓音
衣服
车
灵性

宗教信仰
价值
祝福
家庭形象
父母的地位或性格
人格特质
婚姻状况
约会对象
权力
正确
经济或股票市场状况
经验

目前的功能水平

态度
每天的自我评估
表现
卫生或装扮
疾病或健康
生产力
抗压能力
自信
对事件的控制
自私或无私
情感

比较

相对于他人的竞争力
（例如在体育或者薪水方面）

他人的判断

有多少人喜欢你
别人的认可或接纳
别人如何对待你

拥有自尊的人接纳并欣赏核心自我，他们认为缺点是外在的，当改变不可能发生时，需要关注、发展、培育和接纳。以下四个例子说明了核心价值的概念。

- 一个活泼的小男孩坐在轮椅上，实事求是地解释道："肿瘤损坏了我的神经，让我不能控制双腿。"他知道如何将价值从外在条件中分离出来。
- 肯·柯克是我以前的一个学生，他写了这首诗，流露出内心的平静喜悦：

如果我可以

如果我能成为一棵树，我愿意
为所有人提供荫凉。

如果我能成为大海，我愿意
为所有旅行者保持平静。

如果我能成为太阳，我愿意
为所有生命提供温暖。

如果我能成为风，我愿意
带来炎热夏日里的一缕微凉。

如果我能成为雨，我愿意
让土地保持肥沃。

可是啊，成为其中任何一种，我都将错过其他一切。这就是为什么，不论我可以成为什么，我都将只是我自己。

- 弗吉尼亚州有几家漂亮的殖民地时期的旅馆。在一间有漂亮的石头壁炉的房间里，我看到了一只老式的木制鸭子，它很大、朴素，且未上油漆，也许是一位殖民地时期的农民雕刻的，给这个温馨的房间增添了一种质朴的格调。壁炉旁边有一根大木头，我很喜欢，因为夜里很冷。我问学生，哪个更有价值，是木鸭还是木头？一位女士若有所思地回答说："它们的价值是一样的。它们只是不同。"
- 我的一位教师朋友和她的学生们乘坐的公共汽车被另一辆公交车撞了，许多人受伤。她回忆道："事故发生后，我看到孩子们跑来跑去，表现出领导力和对彼此的关心，我才真正看到了他们的价值。"事件可以帮助我们看到价值，但它们既不会增加核心价值，也不会减少核心价值。

为什么我们觉得自己没有价值？

因不够完美而感到内疚和羞愧

将价值与外在区分开是建立自尊的首要目标（图4），但在当今的文化中，这可能很难实现。娱乐媒体会传递这样的信息：如果你不年轻、不勇敢、不漂亮、不富有，你就没有价值。城市中快速的生活方式也传达了这样的信息：你必须有强大的能力，并且取得成功，才能出人头地。

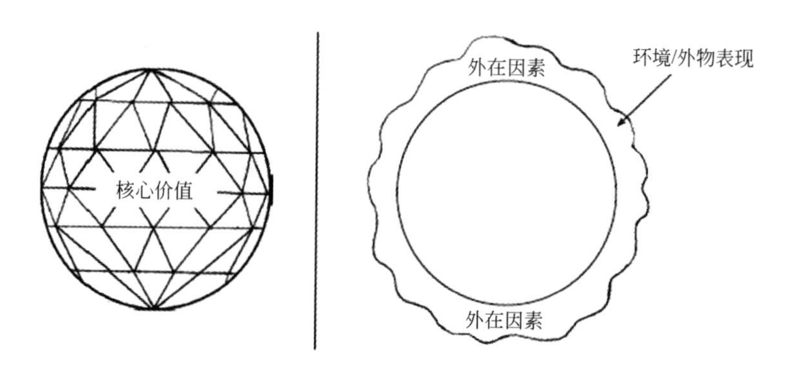

图4　核心自我与外在

让我们考虑两种看待人的价值的方式：第一种，人的价值等于外在（图5）；第二种，人的价值独立于外在（图6）。

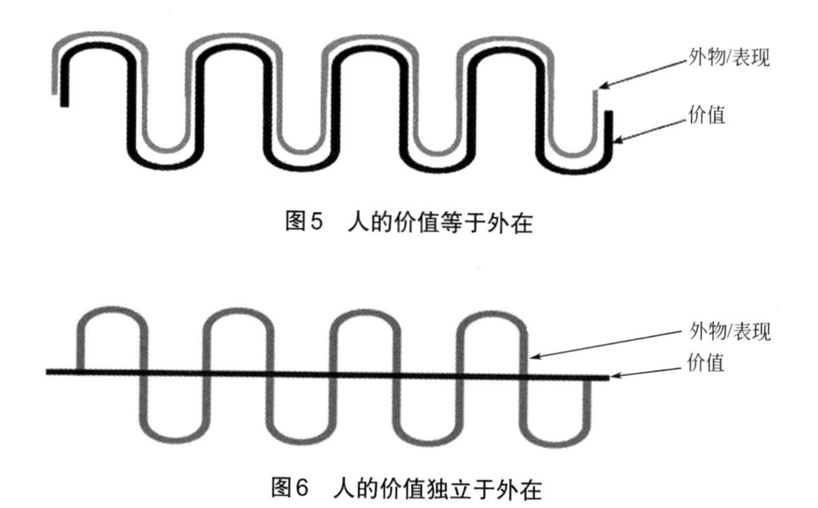

图5　人的价值等于外在

图6　人的价值独立于外在

当价值与外在相等时，自尊会随着外界环境的变化而上升或下降。例如，当一个高中生看着镜子中的自己，注意到自己的肤色时，可能会觉得自己没那么有价值；但当一个帅哥向她打招呼时，她会感觉好一些；当他没有约她出去时，她感到很沮丧；当有人称赞了她的衣服时，她可能感觉很好；而经过一场艰难的数学考试，她会感觉很糟糕；当她和那个男生开始约会时，她会感觉很好；但当他们分手时，她又会感觉很痛苦——她情绪就这样起伏不定。对成年人来说，自尊水平的高峰可能伴随着升职、奖励或毕业；低谷可能伴随着批评、糟糕的表现，或者喜欢的球队输掉比赛。

如果你的价值等同于你的工作或婚姻，当你意识到自己已经不会继续晋升，或者离婚时，你会作何感想？你可能会非常悲伤和失望。当你的价值受到怀疑时，抑郁就会随之而来。

当价值与外在分离时，人的价值就是内在的、不变的，不管外在的事件或环境如何。将对事件或行为的不好的感觉（内疚）与对核心自我的不好的感觉（羞愧）区分开——为愚蠢的行为感到内疚是一种健康的寻求改变的动力，然而，谴责核心自我会削弱这种动力。

我们可以评价和判断行为，而无法对核心自我这样做：一个人可以相当理性和客观地判断行为和目前的技能水平，但当他从根本上谴责核心自我时，就很难做到理性或客观了。我们应该把由失望、疾病、疲劳、激素波动、愤怒、焦虑等引起的不舒服的感觉与对核心自我的不好的感觉分开。

让我们来看一个困难情景的例子。假设另一个人得到了你努力想要晋升的职位。你告诉自己，“也许我的某些技能还达不到这份工作的要求”，这种判断你的技能水平、经验或受训情况的事实性陈述可能会让你失望，也可能会让你做出提高技能的决定。然而，如果你告诉自己，“作为一个人，我不够好”，这就是一种对价值的描述，意味着你作为一个人是差劲的。显然，这种自我毁灭的思维方式会导致自我厌恶，甚至抑郁。所以，请评价你现在的技能和表现，而不是核心自我。

因不合理的想法而感到挫败

虽然所有人都是有无限价值的，但不是所有人都有价值感。原因之一是消极、压抑的思维模式会侵蚀一个人的价值感。请注意，被侵蚀的并不是价值，而是一个人体验价值的能力。

例如，老板路过约翰和比尔时皱起了眉头。约翰因此开始感到沮丧，他猜想老板在生他的气；而比尔并没有感到不安，他只是告诉自己，“老板可能又要和主管们吵架了”。两者之间的区别不在于这件事，而在于约翰和比尔对这件事的看法。

认知疗法已经“锁定”了攻击自尊并导致抑郁的特定思维模式。这些思维模式是习得的，它们也可以消退。认知疗法提供了一种有效、直接的方法来消除这些自我毁灭的想法，并用更合理的想法取而代之，其依据的模型由心理学家阿尔伯特·艾利斯（Albert Ellis）开发，它很简单易懂（图7）。

A ——————→ B ——————→ C

图7 ABC模型

A代表诱发（或令人烦乱的）事件，B是我们告诉自己的关于A的信念（或无意识的想法），C是情绪后果（或感觉，如无价值感或抑郁）。大多数人认为是A导致了C，事实上，是B，即我们的自我对话，对C产生了更大的影响。

每当发生令人不快的事情时，我们的脑海中就会自动产生一些想法。尽管每个人都能合理地思考令人心烦的事情，但有时我们自动化的想法会被扭曲或过于消极——它发生得如此之快，以至于我们几乎没有注意到它，更不用说停下来去质疑它了。然而这些自动产生的想法深刻地影响着我们的情绪和价值感。在本节中，你将学习如何捕捉其中不合理的信念，挑战它们的逻辑，并用更贴近现实的想法代替它们，而不是让它们继续暗中作祟。

这些不合理信念可以被归为13类，认识它们将帮助我们重建自尊。

○ 主观推断

在某些情况下，我们会把未经考证的事情往最坏的方面想。例如，在前面的例子中，约翰认为老板皱眉头意味着他在生自己的气。约翰可以通过直接求证来验证这个假设："老板，你在生我的气吗？"

其他主观推断的例子包括"我知道我不会玩得很开心"或者"我知道即使我准备好了，我也会把工作做得很糟糕"。更合理的自我对话应该是这样的："我可能喜欢，也可能不喜欢。""我可能做得好工作，也可能做不好。""我愿意尝试一下，看看会发生什么。"

○ 应该（必须和应当）

“应该”（包括必须和应当）是我们对自己提出的要求。例如，“我应该是一个完美的爱人”“我不能犯错误”“我早该知道的”或者“我应该快乐，从不沮丧，从不感到疲惫”。我们认为这样的话能激励自己；然而通常情况下，我们只会感觉更糟（例如，因为我应该成为某人，而我不是那个样子，我就会感到自己不够好，感到沮丧、羞愧和绝望）。

也许，唯一合理的“应该”是：人应该犯错，我们也确实都会犯错，毕竟我们的背景、理解能力和目前的技能水平都是有限的。如果我们真的了解更多信息（也就是说，如果我们清楚地了解某些行为的好处，并且完全有能力这样做），我们就会变得更好。应对这种思维的一个解决方案是用“会”或“可能”来代替“应该”——“如果我那样做，可能会更好。”或“我想知道，我可以怎么做。”或者用“想要”代替“应该”——“我想要这样做是因为这对我有利，而不是因为有人告诉我应该或必须这样做。”

○ 童话般的幻想

童话般的幻想是指渴望生活全如自己所愿。这是一种特殊的“应该”。“这不公平！”或者“为什么会发生这种事？”通常的意思是“这个世界不应该是现在这个样子”。在现实中，坏事和不公平的事情可能发生在好人身上——有时是随机的，有时是因为别人的不合理行为，有时是因为我们自己的不完美。期望世界有所不同，只会招致失望；期望别人公平地对待我们，而对方对公平的理解和我们不同时，也会招致失望。

同样，用“会”或“可能”来替代“应该”是明智的——“如果事情如我所愿就好了，但事实并非如此。这太糟糕了。现在，我想知道我能做些什么来改善情况。”

○ 绝对化的思想

即带着孤注一掷的想法，坚持不可能达到的完美标准（或接近完美的标准）；当达不到这个标准时，就会认为自己是个彻头彻尾的失败者。例如，“如果我不是最好的，我就是个失败者”“如果我表现得不完美，我就是个失败者”“如果我的分数低于90，我就是个失败者”“有瑕疵意味着我很差”。这种想法是不合理的，因为这种绝对的、非黑即白的极端情况很少存在。即使我们有可能表现得很完美（事实并非如此），但当没有达到这个标准时，通常意味着我们完成了目标的80%或35%——很少是0。糟糕的表现从来不会让人变得毫无价值，它只是一个错误。问问自己：“为什么我必须做到完美？”

○ 以偏概全

以偏概全就是完全用消极的经历描述过往的生活。例如，“我总是把所有事都搞砸”“我总是在爱情中被拒绝”“没有人喜欢我”“每个人都讨厌我”“我永远没法学好数学”。

这样全局性的声明是苛刻的、令人沮丧的，而且通常是不准确的。努力使用更精确的语言替代它们——“我的一些技能还没有得到很好的发展”“在某些社交场合，我不像自己希望的那样机智”“人们有时不认可我，但也有时认可我”“虽然我生活的某些方面并不顺利，但这并不意味着我从来没有过得很好”。做一个健康的乐观主义者：期望找到一些小方法来改善现状，并且多关注事物的积极面。

○ 贴标签

有时你可能会给自己取一个外号或者贴一个标签，就好像一个词可以完全描述一个人。例如，“我是个失败者”“我很蠢”“我很笨”“我很无聊”。说“我很笨”的意思是我在各方面、所有时候都很笨。事实上，有些人有时表现得很愚蠢，但有时也表现得很聪明。因为人太复杂，不能简单地被一个标签定义，我们只能给他们的行为贴上标签（例如，“这样做是愚蠢的”），或者问问自己，“我一直都很笨吗？”也许有时是这样，但并不总是如此。

○ 总想消极的事

假设你去参加一个聚会，发现一位客人的鞋子上有狗屎——你想得越多，就越觉得不舒服。当你总是关注消极的一面，而忽略积极的一面时，整个形势很快就会看起来很糟糕。其他的例子包括“我被批评了，我怎么可能对这一天感觉良好呢？”“当我的孩子有问题时，我怎么可能享受生活？”“当我犯错时，我怎么可能自我感觉良好？”“牛排烧煳了，这顿饭全毁了!”改变这种思维习惯的一个方法是重新审视你的选择：“如果我选择了一个不同的关注点，我是否会更享受生活，自我感觉更好？”“我还能找到哪些令人愉快的事情呢？”“如果这是美好的一天，我会怎么想？”“拥有健全自尊的人会如何看待这种情况？”

○ 拒绝积极的态度

沉溺于消极的想法中就会忽略积极的方面。然而，当我们拒绝积极的态度时，我们实际上是否定了自我积极的一面，所以我们的自尊仍然很低。例如，有人称赞你的工作，你回答："哦，真的没什么。任何人都可以做到这样。"此时，你忽视了一个事实：你已经很有效率地工作了很长时间。毫无疑问，这样做让你的成就一点都不令人开心。你也可以简单地回答"谢谢"，然后告诉自己，"我确实应该为完成这项艰巨又乏味的任务而受到特别的表扬"。在适当的时候，你也会给予爱人或者朋友肯定。为什么不这样对待自己呢?

○ 不适宜的比较

你就像有一块特殊的放大镜，它能放大一些东西（比如你的缺点和错误，或者别人的优点），缩小另一些东西（比如你的优点和别人的缺点）。与别人相比，你总是显得不够好或不如别人，总是处于劣势。

例如，你对一个朋友说，"我只是一个家庭主妇和母亲（贬低你的优点），而简是个有钱又聪明的律师（放大别人的长处）"，你的朋友回答，"但你是个出色的家庭主妇，你和孩子相处得很好；而简是一个酒鬼"，你回答，"是的，但是你看看她赢的那些案子!（尽量缩小别人的缺点和你的成就）她才是真正有用的人!（放大别人的优点）"

挑战这种信念的一个方法是问问自己，"为什么我必须要和别人比较？为什么我不能欣赏每个人独有的优点和缺点呢？"别人的贡献不一定更大，只是不同而已。

○ 灾难化

当你认为某事是一场灾难时，你会告诉自己，它太恐怖、太可怕了，你无法忍受它！（例如，“我无法忍受她要离开我，那太可怕了！”）我们使自己相信，我们太软弱了，无法应付生活。就像阿尔伯特·艾利斯博士说的那样：虽然很多事情都是不愉快的、麻烦的、困难的，但我们真的可以忍受任何事情，只要不被压倒。你反而可能会想，*我不喜欢这样，但我肯定能忍受。*

以下问题可以帮你挑战灾难化的信念：“灾难般的事情发生的概率有多大？”“它如果真的发生了，有多大可能对我不利？”“如果最坏的情况发生了，我该怎么办？（预见问题，制订行动计划，增强信心）”“100年后，会有人关心这件事吗？”

○ 归咎于自己

归咎于自己是指高估了自己在不好的事情中所负的责任。例如，一个大学生辍学，母亲认为这都是她的错；丈夫感觉自己要对配偶的疲惫、愤怒，乃至双方离婚负全部责任。在这些例子中，自我的卷入太多，以至于每件事都变成对价值的考验。对于这种不合理信念，有两个有用的解药：

1. 区分影响和原因。有时我们可以影响他人的决定，但最终作决定的是他们自己，而不是我们。
2. 客观地看待自己之外的影响。例如，与其想“我怎么了？为什么我做不好？”不如想：“这是一项艰巨的任务。我得不到所需的帮助，这里太吵了，我也很累了。”与其想“他为什么要对我发火？”不如想：“也许我不是主角；也许他今天只是在对这个世界生气。”

○ 指责

指责是自责的反面。“自责”是把所有的责任都放在自己身上，而“指责”是把所有的责任都归咎于自己以外的东西。例如，“他把我气疯了！”“她毁了我的生活，还有我的自尊。”“我是一个失败者，因为我有一个糟糕的童年。”

指责的问题就像灾难化一样，它使我们认为自己是无助的受害者，毫无能力应对问题。指责的解药是承认外界的影响，但也要为自己的幸福负责：“是的，他的行为是不公正和不公平的，但我不必变得刻薄和愤世嫉俗。我比那好多了。”

请注意，有自尊的人可以自由地承担现实的责任，他会承认什么是他的责任，什么不是。然而，当一个人承担责任时，针对的是一种行为或一种选择，而不是针对核心自我。因此，有人可能会说，“我考得不好是因为我没有好好学习，下次我会更好地准备”，这里没有对核心自我的评判，只是聚焦于这一行为。

○ 把感觉当作事实

把感觉当作事实就是把自己的感觉当作支撑事实的证据。例如，“我感觉自己像个失败者。我肯定没有希望了。”“我感到羞愧和难过。我一定是令人讨厌的。”“我感到不够好。我一定不够好。”“我感到没有价值。我肯定是没有价值的。”

记住，感觉源于我们的想法。如果我们的想法被扭曲了（就像我们感到压力或沮丧时经常发生的那样），感觉就不能反映现实。所以要质疑你的感觉，问问自己，“一个百分之百不够好的人（或者是坏的、内疚的、无可救药的人）会是什么样？我真的是那样的吗？”这个问题挑战了我们倾向于贴标签或以偏概全的想法。要提醒自己，感觉不是事实。当我们的想法变得更理性时，我们就会更愉快。

第二个两周计划：记录每天的想法

当我们感到压力或沮丧时，思想和感觉会在我们的脑海中打转，似乎势不可当。把它们写在纸上有助于我们理清头绪，看得更清楚。记录每天的想法大约需要15分钟。在你发现自己感到不安时做这件事是有好处的，你也可以在当天晚些时候（平静下来的时候）再做。下面介绍了我们该如何记录。

- 事实

首先，简要描述一个令人心烦的事件和由此产生的感觉（如悲伤、焦虑、内疚、沮丧），对这些感觉的强度进行评级（1表示没有不愉快，10表示极其不愉快）。记住，感受令人不安的感觉是阻止它控制我们的一种方式。

- 分析你的想法

在“分析想法”表格的第一列（“最初的想法”）列出你的自动化想法，然后分别评估你在多大程度上相信它们：1表示完全不相信，10表示完全相信。

在第二列（“想法谬误”）识别这些想法属于哪种不合理信念（有些

自动化想法可能是合理的）。

在第三列（“理性回应”）努力回应或反驳每一个歪曲的自动化想法，要意识到你的第一个自动化想法只是几个可能的选择之一。试着想象一下，如果有朋友说了你刚才说的话，你会对他说些什么？如果是在一个美好的日子里，你会说些什么？问问自己，“这些回应基于什么证据？”然后评估你在多大程度上相信每种回应。

- **结果**

完成所有这些之后，回到“最初的想法”这一列，重新评估你的自动化想法；然后重新评估感觉的强度。如果这个过程能让你的沮丧情绪稍微有所缓解，你就会感到满足；在这个过程中，心烦意乱的事件可能仍然会使人心烦意乱，只是没有那么令人不安了。

记住，把你的想法写在纸上。它们太复杂了，你无法在头脑中完成评估和分析。对自己要有耐心，我们通常需要几个星期才能熟练掌握这项技能。

在接下来的两周里，每天选择一件让你心烦的事，并记录想法。两周结束后再进入下一节。

日期：__________

事实

事件 （描述让你感觉糟糕或不舒服的事情）	**事件的影响** （描述你的感受）	**感觉的强度** （从1到10打分）

分析想法

最初的想法 （描述自动化想法或自我对话，然后用1 ~ 10评价你对每一项的相信程度）		想法谬误 （识别并标记那些不合理的信念）	理性回应 （反驳！用1 ~ 10评价你对每一项的相信程度）	
	评级			评级

结果

根据你的分析重新审视你对自己最初想法的相信程度；然后重新评估感觉的强度。

下面是一个简单的样例。

事实

事件	事件的影响	感觉的强度
比尔和我分手了	抑郁	9→6
	无价值感	8→5

分析想法

最初的想法		想法谬误	理性回应	
	评级			评级
这都是我的错	8→5	把感觉当作事实（感觉自己没有用）；归咎于自己	我们都有错，尽管我们都尽力了	8
我感觉被拒绝了；我一文不值	9→8	把感觉当作事实；贴标签	只要我曾经，或本可以影响到别人（包括我自己），我就不是没有价值的	7

续表

最初的想法		想法谬误	理性回应	
	评级			评级
他恨我	7→3	主观推断	他可能只是觉得我不适合他	9
我再也找不到像这样合适的人了	10→8	主观推断	我不知道；我有可能找到一个更能接受我，并因此更适合我的人	7
没有他，一切都变得毫无乐趣	10→5	主观推断	除非试试看，否则我也不知道；也许有些事情我既可以独自享受，也可以和别人一起享受	7
那家伙毁了我的生活	9→5	指责	除了我自己，没有人能毁掉我的生活；我会从中振作起来，找到享受生活的方法	9

因消极的核心信念而感到绝望

识别和替换不合理的自动化想法有助于增强自尊，但根除消极核心信念会带来更大的提升。核心信念是根深蒂固的，它们通常在生命早期就被学会了，很少受到挑战。我们从自动化想法开始，使用问答技巧来揭示核心信念：首先，针对自动化想法，问问自己以下问题，重复最后一个问题，直到找到核心信念（最后一个问题通常会揭示核心信念）：

- 这对我来说意味着什么？
- 假设这是真的，为什么这么糟糕呢（或者说，为什么会这么糟糕呢）？

• 这对我而言说明了什么？

例如，简在记录每日想法时表达了一种无助和没有价值的感觉，因为她的女儿拒绝打扫房间。简决定把问答技巧应用到“房间很乱”这个自动化想法上。整个过程是这样的：

自动化想法：这个房间乱糟糟的。

• 问：这对我来说意味着什么？

  答：她是个懒汉。

• 问：假设这是真的，为什么这么糟糕呢？

  答：我的朋友们会来看她乱糟糟的房间。

• 问：为什么会这么糟糕呢？

  答：她们会觉得我是个不合格的妈妈。

• 问：这说明了什么？

  答：如果我的朋友不认同我，我就没有价值！（核心信念）

在寻找核心信念的过程中，她假设每个答案都是正确的。现在，回头看看你的答案中是否有不合理信念，每一步是否都理性地反应。下面的表格显示了整个过程。

最初的想法	想法谬误	理性回应
这个房间乱糟糟的		
她是个懒汉	贴标签	事实上，她在重要的方面都很整洁，比如她的外表
我的朋友们会来看她乱糟糟的房间		即使她们这样做了，很多有价值的人的女儿的房间也是邋遢的
她们会觉得我是个不合格的妈妈	主观推断 以偏概全	她们可能只是觉得我容易犯错，就像她们一样

续表

最初的想法	想法谬误	理性回应
如果我的朋友不认同我，我就没有价值	核心信念！	我不是一定要变得完美，或让每个人都认可我，才能感觉自己是幸福的、有价值的。如果我所做的一切都无可非议，那就太好了；但既然没有人是完美的，我还是应该认为自己是有价值的

研究发现，许多核心信念都与自我厌恶和抑郁有关，这些核心信念与可以替代它们的理性想法值得被特别提及（Bourne，1992）。

1. **核心信念：每个我认为重要的人都必须爱我或认可我。**

   理性想法：我希望大多数人都爱我或认可我，我会尽量以有礼貌的方式行事，这样他们就会喜欢我。但不可避免的是，有些人会因为他们自己的原因不喜欢或不接受我。这不是灾难，我的自尊不能依赖于别人的一时冲动。

2. **核心信念：我必须完全胜任我所做的每一件事。除非我是最好的，或者非常优秀，否则我不应该对自己感到满意。**

   理性想法：我会尽全力去做好，而不是要成为最好的。我可以享受做一些自己不是很擅长的事；我不害怕尝试我可能会失败的事情；我容易犯错，但失败并不意味着我是一个糟糕的人。相反，冒险是一种勇敢的行为，也是获得成长和体验生活的机会。

3. **核心信念：如果某事可能是危险或可怕的，我必然会非常担心它，并保持警惕，以免它发生。**

   理性想法：面对这件事，并降低它的危险性，可能对我最有利。如果我无能为力，至少不会一直想着它，不会一直停留在对它的恐惧中。

担忧不会阻止它的发生；即使发生了，我也能应付。

4. 核心信念：逃避比面对生活中的困难和责任更容易。

理性想法：不管我多么不喜欢，我都会做那些必须要做的事情。在完整的生命旅程中，休息和逃避往往是合理的间歇，但如果它们占据了我生活的主要部分，就会适得其反。

请注意，最后两个核心信念是处理忧虑的两个极端。研究表明，这样的极端通常会导致自我挫败。也就是说，沉溺于忧虑，或否认、回避它们往往会产生负面后果。一般来说，中等程度的有效焦虑会带来最健康的结果：用解决问题的方法，在有限的时间内专注于让你焦虑的事。每天花费大约30分钟，收集事实，考虑其他可能性，承认自己的感受，写下或谈论你的担忧，采取适当的行动，然后让自己把注意力转移到生活的美好上。

下面是一些大家普遍持有但毫无益处的核心信念。作为练习，圈出你现在有的那些，然后试着反驳它们。你可以与朋友或心理健康专家进一步讨论如何用理性想法替代它们。

1. 自我感觉良好是不好的。
2. 除非遇到某种特定的情况，比如获得成功、金钱、爱情、认可或完美的成就，否则我不可能快乐。
3. 除非达到某种条件，否则我不会觉得自己有价值。
4. 我有权获得幸福（或成功、健康、自尊、快乐、爱），而不必为之努力。
5. 取得成功后，我就会有朋友，就能够享受生活。
6. 工作应该是艰苦的，而且在某种程度上是不愉快的。
7. 只有通过努力工作才能获得快乐。

8. 我不够好。

9. “担忧”确保我准备好面对和解决问题，所以我越担心越好。持续的担忧有助于预防未来的错误和问题，并让我对未来拥有更多的控制。

10. 生活应该是轻松的。如果有困难，我就不能享受生活。

11. 过去让我不快乐，没有办法解决它。

12. 我必须找到完美的解决方案。

13. 如果人们不认同（拒绝、批评、不信任）我，那就意味着我低人一等、我错了或者我一无是处。

14. 我的工作有多好，我就有多好；如果我的工作没有成功，我就一无是处。

15. 如果我足够努力，所有人都会喜欢我。

16. 如果我足够努力，我的未来将是快乐的，没有烦恼。

17. 生活必须是公平的。

注意这些核心信念中有多少直接影响自尊，有多少是把外在条件作为价值或幸福的必要条件。在一周的时间里，每天使用一次问答技巧来找到你的核心信念。

如何找回我们的价值感

使用“尽管如此”技能

首先，让我们复习一些要点：

1. 对一些事件、行为、结果或其他外部事物感觉不好可能是合理的（如适当的内疚或失望），这不同于对核心自我感觉不好的不健康倾向（之前被描述为羞耻）。

2.“我还不能胜任这个工作”和“我这个人不行”是很不一样的，对失败感觉糟糕与认为自己本质上是一个失败者是非常不同的。

3.可以评判你的行为和技能，但不能评判你的核心和本质自我。

不喜欢自己的人倾向于使用“因为……所以……”的思维模式，例如“因为（一些外部条件），所以我不是一个好人”。很明显，这种想法会侵蚀自尊，阻碍自尊的发展。所以我们需要避免使用“因为……所以……”的思维模式，在承认确实存在令人不满的外部条件的同时，不必谴责核心自我。

一种被称作“尽管如此”的技能（Howard，1992）提供了一种应对不愉快的外部事物的现实的、乐观的、即时的反应——这种反应通过将价值与外部事物分开来强化一个人的价值感。因此，可以用“尽管……然而……”的陈述替代“因为……所以……”的思维模式。它是这样的：

尽管______________________，然而______________________。

（一些外部情况） **（一些关于价值的陈述）**

例如：

尽管我把那个项目搞砸了，然而我仍然是一个有价值的人。

其他例子包括：

- 然而，我还是很有价值的。
- 然而，我仍然是一个重要而有价值的人。
- 然而，我的价值是无限的，不可改变的。

练习1

请同伴随意说出对你的负面评价或指责，不论真假，比如：

- 你真的搞砸了！
- 你的鼻子很滑稽！
- 你说话时含糊不清！
- 你打扰到我了！
- 你真是个蠢货！

用“尽管……然而……”的陈述来回应每一项评价。你可能需要运用一些认知疗法的技巧，例如，如果有人用“蠢货”来给你贴标签，你可以回应，“尽管我有时表现得有点笨拙，然而……”“不管你做什么、说什么，我都是一个有价值的人”。

练习2

1. 在接下来的六天里，每天选择三个有可能损害自尊的事件或情况。
2. 针对每个事件或情况，创建一个“尽管……然而……”语句。最理想的情况是，在事件或情况发生时使用它；但是，事后练习这个技巧也很有用。为了强化这一技能，请在下表第二列简要描述每一件事或情况，在第三列中使用“尽管……然而……”语句，然后描述在说这句话时，你有什么感受。

	事件/情景	尽管……然而……	感受
第一天/日期：______ 1. 2. 3.			
第二天/日期：______ 1. 2. 3.			

续表

	事件/情景	尽管……然而……	感受
第三天/日期：______ 1. 2. 3.			
第四天/日期：______ 1. 2. 3.			
第五天/日期：______ 1. 2. 3.			
第六天/日期：______ 1. 2. 3.			

认识核心自我的价值

本章的目的是帮助你准确地审视自己的核心价值。缺乏自尊的人倾向于狭隘地定义自己的价值，认为这取决于某些特质或行为，当他们没有表现出这种特质或行为时，自尊就会受到威胁。相反，有自尊的人拥有稳定的价值感，他们意识到许多可取的特质和行为展现了他们的价值，并可以作为发现价值的线索；他们不会让某个领域的糟糕表现定义自己，随着他们的成长，他们了解到人类表达自己的方式多样而复杂，也发现越来越多用来表达自己核心价值的方式。

耶鲁大学心理学家派翠西亚·林维尔（Patricia Linville，1987）发现，在压力情境下，那些对自己的看法更加全面、多维的人，他们的自尊也更不容易受到伤害。例如，与只把自己看成是网球运动员相比，如果一个人随着年龄和经验的增长，把自己看成多种特质的组合体，而这些特质是通过各种角色表现出来，那么他就不太可能因为输掉一场网球比赛而泄气。

每个人都像一粒无价的种子，胚胎时期就具有开花所需的每一种特质，这些特质可以通过许多不同的方式表现出来。例如，有些人用艺术表达创造天赋，有些人尤其擅长解决问题，有些人乐于帮助他人。在接下来的练习中，你会更现实、更公正地认识到核心自我的价值。

下面的练习包括三个部分：第一部分列出了一些人格特质，第二部分探索对你特别重要的特质，第三部分帮助你认识到你的回答如何独特地展示你的核心价值。

第一部分：人格特质

用0 ~ 10为下列特质评分：0意味着完全缺乏这种特质（你从来没有展现过这种特质），10意味着你的这种特质被完全开发（你已经尽可能地展现了它）。尽量做到公正和准确；如果你在某些项目上的评分较高，而在其他项目上评分较低，不要担心，这是正常的。你没有和别人竞争，高分并不意味着更有价值。记住，价值是确定的，而且人人平等。这个练习主要是为了让你注意到自己目前表达价值的独特方式，因此客观回答即可，避免绝对化的思维和以偏概全。

圈出合适的评分：

	完全缺乏									完全发展
智力/智商	1	2	3	4	5	6	7	8	9	10
品质（伦理、诚实、道德、公平、正直）	1	2	3	4	5	6	7	8	9	10
创造力/问题解决	1	2	3	4	5	6	7	8	9	10
判断/智慧	1	2	3	4	5	6	7	8	9	10
善良/同情心	1	2	3	4	5	6	7	8	9	10
幽默	1	2	3	4	5	6	7	8	9	10
尊重/关怀他人	1	2	3	4	5	6	7	8	9	10
自我关怀	1	2	3	4	5	6	7	8	9	10
成长、发展和改变的潜能	1	2	3	4	5	6	7	8	9	10

第二部分：重要的人格特质

在这一部分，列出5个对你重要的特质，并描述它们如何有益于你或他人的幸福。可以参考本杰明·富兰克林（Benjamin Franklin）的“十三种美德”：节制、缄默、秩序、决心、节俭、勤奋、真诚、正义、中庸、整洁、冷静、纯洁和谦逊，或者其他你所拥有的特质，例如体贴、敏感、爱、内省、决心、有条理、热情、勇气、合群、乐观、敬畏生命和尊严、顽皮、温柔和洞察力。你不必完美地拥有这些特质，而只需有所表现，然后评估它们的发展程度。

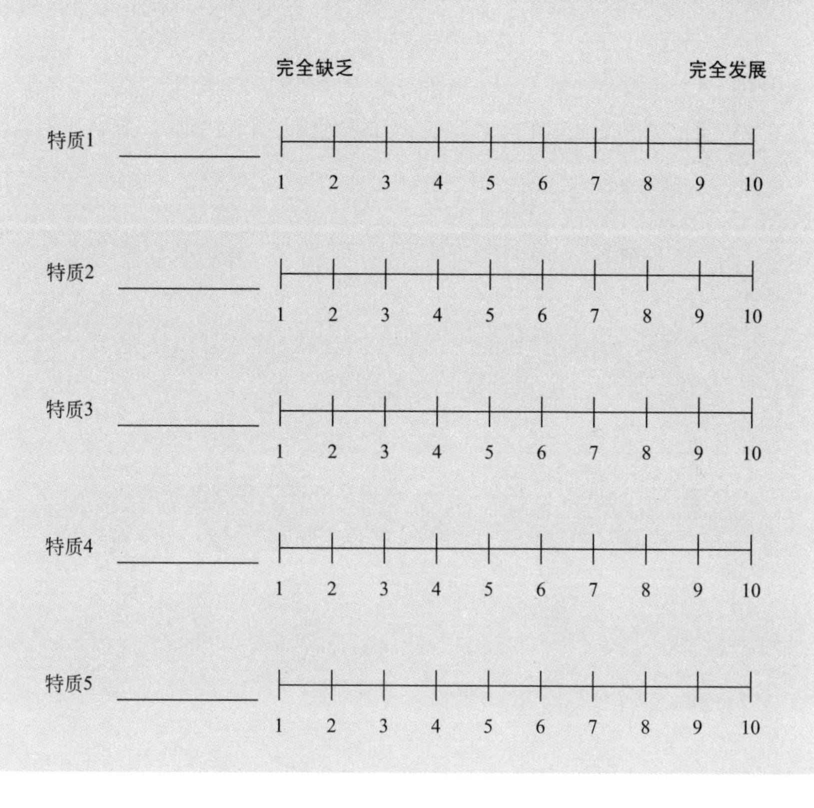

第三部分：解释

人类是如此复杂多样，每个人在这项练习中展现的模式肯定各不相同。你可能对自己的某些特质评分较高，而对其他特质评分较低；你可能还注意到没有0分或10分，因为这种极端情况很少存在。

不难发现，在不同发展阶段，每个人的特质都是复杂且独特的，这些特质让我们更清楚地认识到自己的核心价值。使用数字评分不是要与他人比较，而是为了呈现整体的形象。核心价值很像一幅古典画作：有些颜色是明亮的，有些是暗淡的，彼此相辅相成，共同形成一个独特的整体。

对于低分特质，至少有两种方式来看待它们：一是珍视自己，就像珍视一颗美丽的钻石，尽管它有不可避免的缺陷；你也可以把分数较低的特质看作自己最有潜力、最有改进空间的地方，并享受这个挑战。

请回答以下问题：

1. 当你回答第一部分和第二部分时，你觉得哪一个特质是最好的？

2. 在我的各种人格特质中，我最为之自豪的一个（几个）是____________________________________，因为____。

3. 如果我们的自我是一幅画，当一位公正的观察者观察整幅画像时，“最闪耀的地方”在哪里呢？换句话说，如果一个人花时间去看你现在真正的样子，他最可能欣赏或喜欢你的哪个部分？

4. 通过这个练习，我学到了______________________________。

给自己更多肯定

不论是否拥有健康的自尊，人们都会犯错，与目标和梦想失之交臂；都有可能引人注目，或平平无奇；也都有可能在商业、学业、体育、人际关系或其他领域取得成功，或碌碌无为。那么有无健康自尊的人的区别是什么？

研究和临床经验表明，他们对自己的思考和自我对话方式不同。例如，在失败时，那些没有健康自尊的人会自我批评，他们会想“我怎么了？”“我早该知道的！”“为什么我这么笨？”——这种自我否定的说法会进一步降低自尊水平；相反，那些有健康自尊的人倾向于更“温柔”地评价失败，他们会关注外部因素和行为（例如，这个测试很难；我有太多其他的事情要做；我学习的时间不够，下次我会准备得更好……）——这样的陈述往往能让人在面对压力时保持自尊，改善行为而不自责。

因为关注“错误”，没有自尊的人会感到自己有欠缺和不足。他们会被打败，失去动力和体验自我价值的兴趣。如果他们用完美主义的标准逼迫自己成长，以一种被驱使的、不快乐的方式行事，反而会损害成功（Burns，1980）。相反，有自尊的人承认核心价值的正当性，尽管它有不完美和缺陷。通过专注于正确的事情，他们用胡萝卜（而不是大棒）来激励自己成长。

认知疗法消除了损害自尊的消极想法。下面的练习将帮助你使用自我肯定的想法，这有助于建立和保持自尊。

拥有健康自尊的人通常会有下面的自我对话：

1. 我自我感觉良好。这是很好的。
2. 我接受自己，因为我意识到我的小缺点、错误或其他外在的东西不能代表我。
3. 批评是外在的。我审视它，寻找改进的方法，但它不会贬损我的价值。
4. 我可以批评我自己的行为，而不去质疑我作为一个人的价值。
5. 我关注并享受每一个成就或进步的迹象，不管它在我自己或别人看来是多么微不足道。
6. 我欣赏别人取得的成就和进步，但并不认为他们比我更有价值。
7. 一般来说，我有能力生活得很好，也有能力运用时间、努力、耐心、训练和协助去做好。
8. 我希望别人喜欢和尊重我；但如果他们没有，也没关系。
9. 我通常可以通过真诚和尊重的交往方式来赢得人们的信任和喜爱；但如果没有，也没关系。
10. 我通常在人际关系和工作中表现出良好的判断力。
11. 我可以用合理的观点影响他人，我可以有效地表达和捍卫我的观点。
12. 我喜欢帮助别人，让他们能够享受生活。
13. 我喜欢新的挑战，当事情进展不顺利时，我也不会沮丧。
14. 我的工作质量一般都很好，我希望将来能做很多有价值的事情。
15. 我了解我的长处并且重视它们。
16. 我有时会因我做的一些荒谬的事情而自嘲。

17. 我的贡献可以改变人们的生活。

18. 我享受和别人在一起，并让他们因此感到开心和快乐。

19. 我认为自己是一个有价值的人。

20. 我愿意成为一个独特的人。我很高兴我是独一无二的。

21. 我喜欢我自己，而不与他人比较。

22. 我内心感到稳定和安全，因为我正确地看待我的核心价值。

现在，使用上面的语句，进行以下练习：

1. 在一个安静的地方坐下，保证椅子稳当，在这里你将舒服地度过大约20分钟。
2. 闭上眼睛，做两次深呼吸，让你的身体尽可能放松。做好准备，期待一次愉快的体验。
3. 睁开眼睛，仔细阅读第一句话；然后闭上眼睛，把注意力集中在这句话上。慢慢地重复三次，让自己觉得这句话是完全正确的。你可以试着想象自己本就相信这句话一运用你所有的感官去体验这种情境。
4. 如果其中一句话不适用于你，也不要担心，就把这当成是培养一种新心理习惯的练习吧；不要让消极或悲观的想法分散你的注意力或破坏你的进步。接受实际发生的一切，不要苛求完美。如果某句话让你感觉不对劲，那就先绕过它，之后再回来；或者可以修改它，让它变得适合你，但请确保修改后它仍是积极的。
5. 对每个语句都重复步骤3。整个练习大约需要20分钟。
6. 每天重复这个练习，持续六天。
7. 每天做完这个练习后，注意你的感受。许多人注意到，随着练习，这些想法开始变得越来越让人舒服，它们会逐渐成为你值得信赖的朋友。那些在六天内始终使你不适的想法，很可能会在你完成本手册的其余部分后变得令你舒服。

小结

到目前为止，我们已经探索了一些非常重要的观念和技能，它们都与建立自尊的第一块基石——无条件的人类价值有关，接下来的观念和技能都将建立在这些基石之上。

回顾三个重要观念：

1. 每个人的价值都是无限的、不变的、平等的，这是与生俱来的。
2. 核心自我是独立于外部因素的。外部因素可以掩盖核心自我，也可以帮助它发光，但核心自我的价值是恒定的。
3. 人们以独特的方式和风格表达自己的价值，但每个人的核心是完整的，在胚胎时期就拥有所有必要的特质。

回顾四项技能：

1. 挑战那些消极的、攻击核心价值的不合理信念。
2. 使用“尽管……然而……”的陈述。
3. 重视核心自我的价值。

4. 养成肯定自我的思维习惯。

思考两个问题：

1. 对我最有意义的想法是：____

2. 我最想记住的技能是：____

重建自尊第2步——不论怎样，我都值得被爱

如果一个人没有父母等养育者，他要如何建立健康的自尊呢？我们已经探索了建立自尊的第一个要素——无条件的价值。这个要素的基础是一个人对自己核心价值的准确认识。因此，它与认知，或者说与智力部分相关。

而第二个要素——无条件的爱则主要和情感有关，这是一个美妙且极有影响力的构建因素。如果说要素一主要涉及自尊定义的现实部分，那么要素二主要涉及情感部分。

我们的爱从何而来?

爱是你体验到的，而不像无条件的价值那样，是一个人从认知层面意识到的。虽然哲学家喜欢把爱理智化，但是人们只要一眼就能认出它来。

当特蕾莎修女（Mother Teresa）救济别人的时候，人们看着她的眼睛，强烈地感受到来自她的爱，就不再把目光移向别处——他们变得平静，面容温和；他们单纯地认出了爱，并回应了它。当特蕾莎修女看着他们，和他们说话，触摸他们的时候，他们感受到了爱（Petrie & Petrie，1986）。

爱的基本原则

- 正如特蕾莎修女观察到的，每个人都为爱与被爱而生。
- 每个人都需要肯定或爱，来感受到自己是有价值的；也就是说，每个人都需要一个“来源”，让他们确认自己是被爱的、被接纳的、有价值的。正如心理学家亚伯拉罕·马斯洛所说：“从出生开始，对爱的需要就是人类的特征。除非一个人的核心本质被接纳、被爱、被尊重，否则他就不可能拥有健康的心理。”因此，爱是重要的，如果没能从别人那里获得它，就最好能够自给自足。

作为自尊的第二个要素和重要的构建因素，爱是：

1. 你所体验到的感受；一个人只要看见它，就会认出它。
2. 一种态度；是在每时每刻都想把最好的东西给所爱之人（请注意：爱别人和爱自己并不是相互排斥的——理想情况下，爱的态度包括两者）。
3. 你每天都在做的决定和承诺。有时候爱是需要决心的，尽管当时可能很难。
4. 被培养起来的一种技能。

我们有时候把爱错误地假定为一种感受，就像欣赏、接纳、喜爱那样，我们要么有这种感受，要么没有。这个过于简化的观点忽视了爱也是一种出于意志的行为和技能。尽管任何人都能感受和回应爱，但我们仍然需要去学习它。

弗莱德·罗杰斯（Fred Rogers）先生[1]告诉孩子们：“我喜欢你，是因为你本来的样子。”他在节目中唱了下面这首歌（Rogers，1970），请

---

[1] 弗莱德·罗杰斯：美国儿童电视之父，1966年开始制作电视节目《罗杰斯先生的左邻右舍》（Mr. Rogers' Neighborhood），这个节目在美国公共电视台连续播出了三十余年，见证了数代美国人的成长，影响深远。2002年，罗杰斯荣获“总统自由勋章”。2004年，匹兹堡儿童博物馆为他开辟了永久展示厅。——译者注。

注意区分歌词中哪些信息是代表外在价值，哪些是和一个人的核心价值相关。

我喜欢的就是你
不是你穿了什么
不是你做了什么样的发型
我喜欢的就是你
是你现在的样子
是你内心深处的样子
并不是那些把你藏起来的东西

罗杰斯先生小时候体弱多病，每到豚草花粉飘扬的季节，他的活动范围就被限于一个只有一台空调的房间。八岁那年，罗杰斯去祖父的农场，他攀爬农场周围的石墙，玩得不亦乐乎。随后，祖父告诉他："罗杰斯，你在做你自己，而这让今天变得特别。请记住，这个世界只有一个人和你一样，那就是你。我喜欢你，是因为你本来的样子。"

这个故事表明，我们每个人都是站在前人的肩膀上，并且无条件的爱是需要学习的。

故事1　爱找到了出路

在美国伊利诺斯州的威尔梅特，七十岁的伯尼·迈耶斯因为癌症突然离世，他十岁的孙女萨拉·迈耶斯没来得及和他告别。好几周过去了，萨拉都不怎么说她的感受。后来有一天，她从朋友的生日聚会上带回来一个亮红色的氦气球。“她先走进自己的房间，”她的妈妈回忆道，“然后带出来一个气球和信封，收信人是‘在天堂的伯尼爷爷’。”

萨拉在信里告诉爷爷，她爱他，并且希望他能够听到她说话。萨拉还在信封上印上回信地址，然后把信封绑在气球上，放飞了。“气球看起来摇摇欲坠，”她妈妈还记得，“我想它都飞不过那些树，但是它真的飞走了。”

两个月后的一天，一封收信人写着“萨拉·迈耶斯一家”的信寄到了，上面盖着纽约宾夕法尼亚州邮戳。

> 亲爱的萨拉、家人及朋友：你寄给伯尼·迈耶斯爷爷的信已抵达目的地，他也读了这封信。我了解到他们那里不能留存实体的物品，所以它又漂流回了地球。他们只保存想法、记忆、爱等诸如此类的事物。萨拉，无论任何时候你想起爷爷，他都会知道，他就在你身边，无比爱你。
>
> 唐·柯普（也是一位爷爷）

柯普是一位六十三岁的退休收货员，他在距离威尔梅特一千千米的地方，也就是宾夕法尼亚州的东北方向狩猎时，发现了几乎瘪掉的气球。这个气球最后落到了蓝莓灌木丛上，在这之前，它至少飘过了三个州和一个大湖。

“尽管我花了好几天时间构思，”柯普说，“但是，给萨拉写信对我来说是非常重要的。”

萨拉说：“我只是想以某种方式听到爷爷的声音。现在，我想我的确听到了。”

故事2　学会爱

我的母亲[1]……时常整天都在忙，但是每当傍晚来临，她就飞快地跑去准备迎接我父亲。那个时候我们不理解，经常嘲笑她。但是现在，我才明白她对我父亲的爱是多么强烈、多么温柔。不管发生了什么，她都准备好用微笑来迎接他。

——D. S. 亨特（D. S. Hunt）《爱：一种永远应季的水果》

（*Love: A Fruit Always in Season*）

他人无法提供完美的爱

爱的体验至少有三个来源：父母、自己与重要他人。神学家们加上了第四个重要来源——神之爱。

○ 父母的爱

父母是无条件之爱的一个理想的来源。尽管从家人那里获得无条件

[1] 指特蕾莎修女。——译者注。

的爱是美好的，但父母容易犯错，他们的爱是不完美的。没有孩子能从父母那里得到完美、无条件的爱。花时间为过去没有得到的爱感到痛惜是没有任何好处的。正如我们前面讨论的，指责让你困在过去，你也会因此感到自己是个无助的受害者。

○ 自己的爱

如果一个人没有从其他人那里得到爱，他可以问问自己，“我怎样才能为自己提供我需要的爱呢？”一个人能以多种方式提供给自己所需要的爱，我们会在下文中详述。

○ 重要他人的爱

重要他人（比如朋友、配偶、亲人）被有意列为爱的最后一个来源。尽管获得他人的爱是美好的，但和父母一样，其他人也无法提供完美的、无条件的爱。我们从别人那里得到的反应更有可能是他们对自己感觉的映射，而不是对我们核心价值的真实反映。当人们对自己缺乏现实、欣赏的看法时，他们就会表现出一种社交上的依赖，也就是说，他们会转向他人寻求核心价值的认可——他们缺少这样的认可，并且极度渴望。他们会让别人窒息，情感枯竭。当他们内在的不安使别人离开后，这种拒绝又是毁灭性的。即使他们赢得了别人的尊重，那也是“他尊”，而不是自尊，不能代替自尊的内在安全感。

因此更可靠的做法是，首先为你所依赖的爱的来源负责——这个来源就是你自己。

爱的稳定来源是我们自己

就像价值那样，爱必须是无条件的，不会被暂时的失败动摇，也不依赖于每天的自我评估。换句话说，就是“即使我现在表现得差劲，我也仍然爱自己”。

爱也让你感到自己是一个重要的人。它不能定义你或者赋予你价值，而只是让你认识、体验并欣赏价值——你一直都是重要的人，爱帮助你知道这一点！

最后，爱是成长的基础（而非相反的情况）。因此，成就或者超常表现通常不能够填补由于缺乏对核心自我的爱而产生的痛苦空洞。泰德·特纳（Ted Turner），格洛丽亚·斯泰纳姆（Gloria Steinem），巴兹·奥尔德林（Buzz Aldrin）[1]就是这样的例子，他们都有非凡的成就，但都在后来的生活中意识到自己内在的某种东西是缺失的，这种东西就是对核心自我的真挚的喜爱，它是人类成长的土壤和气候。

许多作家声称，人们如果不会爱自己，就没有能力爱别人；纵然是来自他人真挚而成熟的爱也不能转变人们的自我厌恶——我怀疑这种说法言过其实：我认为他人真挚而成熟的爱的确能够改变个体的自我概念，只是我们不能总依赖于他人的爱罢了。如果有人足够幸运得到了他人的爱，也不能保证单凭这种爱就能够改变自我厌恶。因此，我们转向一个

---

[1] 泰德·特纳：传媒大亨，美国有线电视新闻网（Cable News Network，CNN）创办者；格洛丽亚·斯泰纳姆：作家、演讲家、编辑和女权主义社会活动家，20世纪60年代后期和20世纪70年代妇女解放运动的代表人物；巴兹·奥尔德林：美国飞行员、美国国家航空航天局宇航员，在阿波罗11号登月任务中成为第二位（继尼尔·阿姆斯特朗之后）踏上月球的人。——译者注。

人能够完全负责任的领域：自我。

约瑟夫·米切洛蒂博士的父母是来自一个意大利小农场的移民。他们养大了六个孩子，其中一个成为物理学家，其他的都是医生和律师。这些孩子都在爱中长大。他们的母亲似乎懂得核心自我的价值。当约瑟夫长大一些，母亲告诉他，“你不必给我买生日礼物，给我写一封关于你自己的信吧，把你的生活讲给我听。有什么事情令你忧虑？你快乐吗？”

在高中的时候，约瑟夫试图劝阻父母去观看他所在的管弦乐队的演出，他的理由是自己的角色不重要。“你这是在胡说，”母亲回应道，“我们当然要来，我们来是因为你在乐队中。”演出那天，一家人都出席了。伟大的爱、鼓舞、对人类进步的期望等都是建立自尊的良好方式。如果你没有从所爱之人那里获得这些，那么最好能够自给自足。

如何爱自己？

化解“内在小孩”带来的沉重压力

爱是心理健康和自尊的基础，因而也是有效管理压力的基础，进而与管理生活息息相关。我们常能获得解决当下问题的技能，但是在很大程度上忽略了疗愈过去的力量，它让我们能享受当下。

有研究（Pennebaker，1997；Borkovec et al.，1983）表明，写下有关一个人过去和现在的忧虑，可以极大地改善情绪和免疫系统。研究者们提出各种理论来解释这项结果：有人认为把压抑的忧虑或者创伤写在纸上，释放出来，带来了极大的解脱；还有人认为写下这些烦忧，就可以获得前瞻性、客观性、视野，有时还有解决方法；我认为还有另外一个原因——写下这些感受，就是在承认和尊重这些感受，而这是那些沉溺于羞耻感的人（也就是对核心自我感到糟糕的人）常常否认的。写下你的感受是一种爱自己的方式。

我们为何感到压力？

平和、健全、快乐、善良、内在价值……这些美好的感受塑造了我们，并成为我们的“核心”。核心的存在有时被比喻成“内在小孩”，内在小孩在胚胎时期就拥有所需的每种特质，并且有去成长与完善的本能。

然而随着时间推移，我们通常在某种程度上与内在小孩分离或者分裂。受到虐待、抛弃、批评以及忽视，与自身的错误、选择相互影响，让我们相信自己是有缺陷的个体，而不只是犯了错误——我们认为自己就是一个错误，我们的核心是坏的。因而，核心的内在小孩被掩盖、拒绝、否认、分离或者分裂。这就是许多与压力相关的功能性障碍中常见的自我厌恶和以羞耻感为基础的行为的根源。

事实上，内在小孩虽然被打击、掩盖、分裂，却完好无损地存活下来——你曾经是那个小孩，现在依旧是（Leman & Carlson，1989）。作为人类，我们的目标是获得疗愈、整合，恢复健全，以及将我们现在的意识与内在核心的美好重新联结——实现它的方法十分简单，就是爱。爱是疗愈和成长的基础。虽然成年人依靠逻辑思维生活，但他们的内在小孩会一直哭泣并渴望爱，直到这种渴望被触及。

在一节与压力相关的课程上，我问学生们是否有完美的父母，一阵笑声后，我又问他们是否有相当接近于完美的父母。当那些作出肯定回应的学生谈到如何表达和尊重自己的感受，如何自由地安排时间和给予感情时，他们的脸上露出喜悦的表情——这些学生在学校和生活中都表现良好，情绪稳定。相反，那些对爱的需要没有被看到、被满足的人更有可能体验到不安全感、痛苦、社交困难、愤怒和对地位的担忧。

如果成长过程中缺乏爱和被爱的体验，成人可以疗愈“灵魂中的洞”吗？下面两项练习有助于解决过去的创伤，让我们能够继续前行。

练习　找到“内在小孩”

第1步　写下你最珍惜的朋友、家人、爱人，和那些让（或曾让）你感觉良好的人的名字——他们让你感到温暖、安全、被接纳和被爱。

第2步　找到一个安静、舒适、不被打扰的地方，你需要在此度过15分钟左右。

第3步　深呼吸两次，一边呼气一边说“放松”。

第4步　想象你是一个婴儿，被爱你的人围绕着（他们可以是爱你的人，或者是温暖、富有爱意的大人：你可以想象你的父母，正如你理想中父母的样子；你还可以想象你所认识和喜爱的人的合体，他们让你感到你是一个重要的人——一个有价值的人）。

第5步　作为一个婴儿，你会听到下面的话——想象你正听到这些话从周围每个人那里传来：

- 我们很高兴你在这里。
- 欢迎来到这个世界。
- 欢迎来到我们的大家庭，我们的家。
- 我们为你是一个男孩（或者一个女孩）感到高兴。
- 你真漂亮。
- 我们的孩子都很漂亮。
- 我们想要靠近你、拥抱你、爱你。
- 有时候，你会因感到愉悦而大笑；有时候，你会感到悲伤、痛苦、愤怒和忧虑——这些感受我们都能接纳。
- 我们会在你身边。
- 不论何时，我们都会尽可能满足你的需求。
- 徘徊、分离、探索、实验都是可以的。
- 我们不会抛下你。

想象说这些话的人轻柔地抱着你，他们爱你，当你回应这些感觉时，他们用充满爱的眼睛凝望着你。

请连续两天进行这样的意象练习，然后再进行下面的矫正练习。

练习　拥抱“内在小孩”

找到一个你可以在此进行反思而不被打扰的地方，你需要至少15分钟来完成这项练习。

请放松下来，并把注意力放在你的呼吸上——关注你吸入和呼出的空气，留心它们之间的不同，聚焦于这种不同。现在请想象下面的情景。

你正在走下一段长长的楼梯。请慢慢地下楼，并从10数到1。当到达楼梯的最底层后，向左转，走进一条长长的走廊。走廊两侧都是房门，每扇门上都有一种颜色的标志。当你走到走廊的尽头，你会发现有一片光亮。穿过光，你回到7岁前居住的一条街道，沿着街道走到曾居住的房子。看看这个房子，注意它的房顶、颜色、窗户、门。你看见一个小孩从前门走出来，这个小孩是如何打扮的？Ta的鞋子是什么颜色？

走向这个孩子，告诉Ta，你来自未来。告诉Ta，你比任何人都了解Ta经历过什么——Ta的遭遇、Ta的放纵、Ta的羞耻。告诉Ta，在Ta将要认识的所有人中，你是唯一一个Ta永远不会失去的人。现在你可以问问Ta，Ta是否愿意和你回家。如果Ta不愿意，告诉Ta你明天还会来拜访；如果Ta愿意和你走，请牵起Ta的手，感受一下那双小手所传递的温暖和喜悦，也感受一下与Ta在一起时，你的温暖与喜悦。离开时，你看到妈妈和爸爸出现在门廊，向他们挥手告别。继续往前走，回头看到父母的身影变得越来越小，直到完全消失。

在路口转过弯，你看到你最珍惜的朋友。拥抱他们，让他们的力量进入你的内心。你也看到他们都带着喜悦拥抱这个小孩——拥抱你的小孩，同时也感受Ta温暖地拥抱你。把Ta捧在手中，让Ta缩小到你手掌那样大，或者拥抱Ta，感受Ta融入你，向你倾注Ta的喜悦、希望和潜能。告诉Ta，你把Ta放在了心里，你会一直带着Ta。向Ta承诺，你每天都会花

5分钟的时间和Ta见面。选择一个确切的时间，并且承诺那个时间你会来。

接下来，想象你走向一个美丽的小广场。站在广场中央，回顾你刚刚的体验，与你的自我、天地万物取得交流。抬头看向天空，看到洁白的云彩组成了数字5；看到5变成4，注意你的脚和腿；看到4变成3，感受生命在你的肚子里、臂弯中；看到3变成2，感受生命在你的手中、脸上，在你的全身——要知道，你即将完全清醒，能够用你完全清醒的头脑去做所有事情；看到2变成1，然后完全醒过来，记住这种体验。

连续两天练习这样的想象。如果可以的话，找一张你早些年的照片，提醒你和你的内在小孩。我经常让学生找一张自己早期的照片带到课堂中，他们总是带着极大的愉悦来做这件事。我特别记得有一个学生，我难以理解和喜欢他——他安静、退缩，说话时总是往下看。后来他带来了一张照片。照片里的他还是一个孩子，站在移民父母旁边。他有一种幼小敏感的孩子才会有的纯真眼神。从那时起，我感受到了对那个学生的深刻情感，并且用不同的眼光看待他，那是理解他的内在自我的眼光。在外在的东西还没有覆盖核心之前，真正的、可爱的自我通常在孩子身上表现出来。看到核心，就是提醒每个人都是奇迹。

友善地和自己对话

持久的、充满爱的关系以欣赏、喜爱、尊重以及接纳为特点。在健康的关系中，存在一种不言自明的想法：“你知道，我很久之前就意识到你不是完美的，不完全是我期待中的样子。我也许笑话过你的一些喜好和特质，但是幽默的背后是真诚的喜爱。我永远不会用轻蔑或嘲笑的口气和你说话。”这种尊重的氛围反而让人们可以改变和成长（如果他们愿意这样做的话），类似地，对自己的友善态度也会鼓励和维持成长；相反，消极的内在对话会阻碍成长，让我们无法享受生活。

发现“中间地带”

你认为自己是有能力的吗？这个问题是否会让你立刻联想到“有能力意味着完美地胜任某些事，我肯定做不到完美，因此我一定是无能的”？这个非黑即白思维的例子解释了为什么很多人难以对自己做出积极的评价，它的过程看起来像这样（图8-1）：

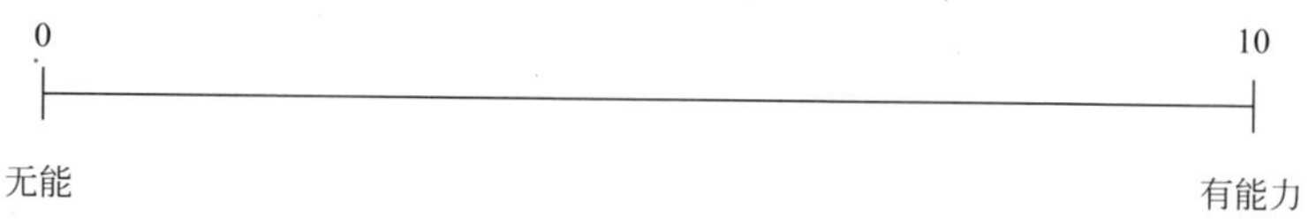

图8-1　非黑即白的思维

这里有能力表示“完美地胜任”，而无能意味着“没有任何能力”以及“完全没有能力”。按照这种思维方式，如果一个人不是10分，那他肯定是0分。

下面是另一种自我考量的方式，它是准确而友善的（图8-2）：

图8-2　准确友善的评价

这种思维方式准确地认识到，“完美胜任”和“完全无能”之间存在中间地带——没有人是完美的，完美意味着满分、没有瑕疵；然而，每个人都能在某种程度上胜任某些事，在特定的时间，以独特的方式展现能力，在成长和发展的过程中获得能力。以这个标准来说，每个人都被认为是有能力的。

在下面的连续谱上，左端是一系列负面的标签，右端是完美，中间是对人们更友善、更确切的描述（图8-3）。

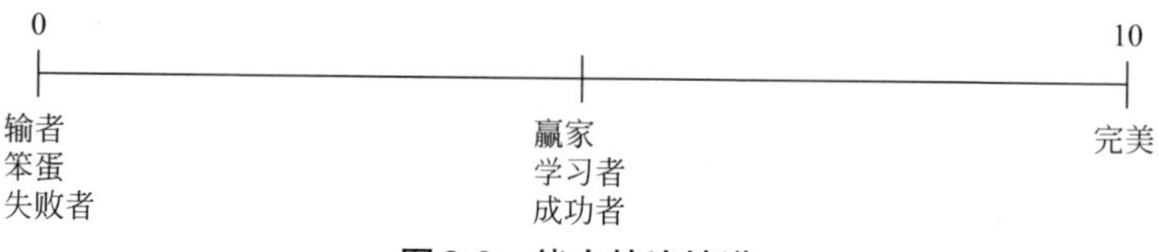

图8-3　能力的连续谱

“失败者”指的是被击败的、毫无贡献、从不学习的人；而任何人，只要活着，就仍然在学习，能够有所贡献，所以没有人能够给自己扣上“失败者”的帽子。“成功者”指的是一个人能够在某种程度上学习、尝试、作贡献，因此每个人都可以很合理地认为自己是成功的——这并不是自满的推论，人们仍然可以以追求卓越和尽自己所能为目标，而不必强求完美。

练习 “贴标签”

在下面的列表中加上一些标签。在中间一列写下比左列的用词更友善、更准确的描述。

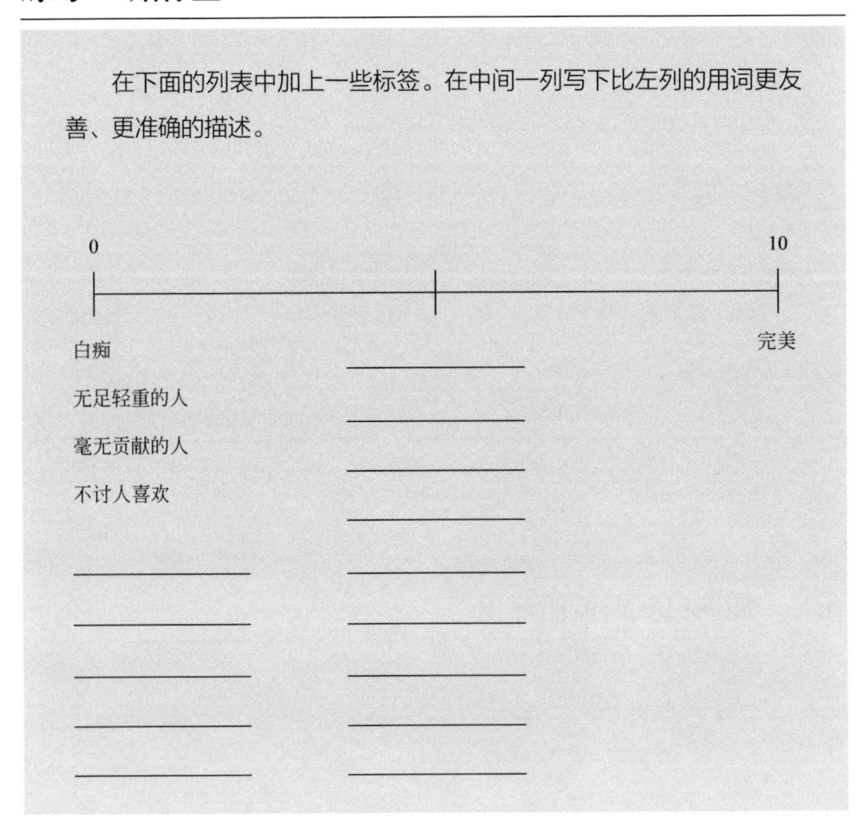

切换“限制性”的频道

“限制性”的言语和想法是指带有贬低意味的自我对话或（我们对自己或他人的）评论。当我们注意到自己这样想时，要立即告诉自己“停止！”然后切换频道——用尊重、促进成长和建立自尊的方式看待和评价自己。例如：

限制性的自我对话	停止！切换频道
我只是/仅仅是一个______。 （老师、护士……）	我是一个______。 （老师、护士……） 我是一个诚实的、努力工作的______。 作为一位______，我找到了满足感。 我期待着进步。
我永远不会成功。	成功是投入努力，朝着渴望的方向前进。
要是我已经______就好了。	下次我会______。
我讨厌我的这一点。	多么有趣的怪癖！ 我要克服它。 随着我的进步，我会感觉更好。
我很可能会把它搞砸。	我不害怕尝试，因为我的价值来自内心。
我是个胖子。	我超重了。我正在减掉多余的脂肪。

当你切换频道时，注意所发生的情绪转变。

练习　捕捉自我贬低的评论

在接下来的两天里，看看你能否捕捉到自己所作的自我贬低的评论，并用令人鼓舞的语言替换他们。

限制性的自我对话	令人鼓舞的评论/想法
第一天	
1.________________	________________
________________	________________
________________	________________
2.________________	________________
________________	________________
________________	________________
第二天	
1.________________	________________
________________	________________
________________	________________
2.________________	________________
________________	________________
________________	________________

承认自己的积极品质

我比我所想的要更加强大，更好。我过去都不知道我有这么多优点。

——沃尔特·惠特曼（Walt Whitman）

坚决地承认自我当下的“正确”可以培养自尊，但对于许多人来说，这样做是困难的，因为他们习惯于消极的思维，轻易就能指出自己的错误，进而伤及自尊。

练习　承认和强化优势

先进行热身，如果你有时或者曾经与下列描述一致，请在方框中打钩：

□干净的	□强壮的，有力量的或强有力的	□乐于分享的
□心灵手巧的	□有同情心的、友善的、关切的	□令人鼓舞的或常赞赏他人的
□能读会写的（来吧！既然你已经读到了这里，就打钩吧！）	□遵守纪律的	□宽容的，或能包容错误和缺点
	□有说服力的	□随和的
□准时的	□有才能的	□镇定的或平静的
□果断的或自信的	□令人愉快的	□成功的
□热情的或精神饱满的	□敏感的或体贴的	□思想开明的
□乐观的	□慷慨的	□有分寸的
□幽默的、诙谐的或搞笑的	□欣赏的	□自发的
□友好的	□尊重的或礼貌的	□灵活的或适应力强的
□温和的	□有审美的	□精力充沛的
□忠诚的或信守承诺的	□有原则的或道德的	□有表现力的
□值得信任的	□勤勉的	□深情的
□信任的，看到别人最好的一面	□负责的或可靠的	□优雅的或高贵的
□有爱的	□做事有条理的，有秩序或整洁的	□有冒险精神的

□坚决的、毅然的或坚定的
□有创造力的或想象力丰富的
□身体健康的
□耐心的
□引人注目的
□有智慧的或思维敏捷的
□理性的、通情达理的或合理的
□穿戴整齐的
□善于合作的
□信任自己的直觉

勾选那些你有时比较擅长的活动：

□社交
□执行
□倾听
□纠正错误
□烹饪
□微笑
□体育运动
□辩论
□清洁
□调停
□工作
□讲故事
□作为朋友
□写信
□演奏一种乐器或唱歌
□思考
□学习
□提问
□领导或教练
□举例
□组织
□作为伴侣
□作决定
□接受批评

☐咨询 ☐承担风险

☐帮助 ☐享受爱好

☐组织啦啦队或提供支持 ☐做预算

☐计划 ☐作为家庭成员

勾选这些项目并不意味你已经做到完美，因为没有人能够一直如此。然而，如果你勾选了一些项目，并在这个十分复杂的世界中保持住了比较清醒的头脑，那么拍拍肩，给自己一点鼓励。记住，这只是热身。下面的练习对建立自尊十分有效。

1. 列出10个关于自己的有意义的、现实的、真实的积极陈述。你可以用前面列表中的词语组织语句，例如“我是一个忠诚、负责的家庭（团队、俱乐部……）成员”“我是整洁且有序的”“我是一个充满关切的聆听者”。如果你提到一个你表现得出色的角色，尝试加上一些具体的个人特质来解释原因。例如，不要只说你是一个好的管理者，而可以补充说你能迅速判断形势、反应果断、尊重他人。角色会随着时间变化，但是性格和人格特质可以在许多不同的角色中表现出来。
2. 在下面的空行中写下10项积极的陈述。
3. 找到一个可以放松、不被打扰的地方，你将在这儿待15—20分钟。用1—2分钟默想一句陈述和能够佐证它的证据。对每句陈述重复这个步骤。
4. 每天做这项练习，连续10天，并在“增加陈述”部分的空行中加上一句陈述。
5. 每天进行几次练习。

10项积极陈述

① ______________________________

② ______________________________

③ ______________________________

④ ______________________________

⑤ ______________________________

⑥ ______________________________

⑦ ______________________________

⑧ ______________________________

⑨ ______________________________

⑩ ______________________________

增加陈述

① ______________________________

② ______________________________

③ ______________________________

④ ______________________________

⑤ ______________________________

⑥ ______________________________

⑦ ______________________________

⑧ ______________________________

⑨ ______________________________

⑩ ______________________________

你也可以把这些陈述写在卡片上，随身携带，以方便查看。

盘点身边的爱与认可

他人的爱与认可不等同于自尊——相反，它应该被称作“他尊”，而不是自尊；但它有助于自尊的发展。

正如没有你的“同意”，他人的批评不会破坏你的自尊；同样，没有你的“同意”，他人的爱与认可也无法帮助你建立自尊。这并不是低估亲密的珍贵，只是自尊原本就是自我尊重。如果某个人爱你，帮助你感受到你是一个重要的人，这是一份美妙的礼物，你要为此感激。然而，在缺乏亲密关系的情况下，你依然拥有自尊。

问问自己，“我喜欢自己的什么？”“我欣赏什么样的特质、属性、技能、贡献，等等？”许多人都会发现很难回答这些问题，尤其是那些低自尊的人。因此，你可以对自己的优势做一次诚实的盘点。下面的练习作为热身环节，能够辅助这个过程。

练习　盘点优势

你需要：①召集一小组人，他们了解你并且了解彼此；②这个小组的成员愿意匿名分享对彼此的好感，以换得一段非常愉快的体验。这项练习需要一个小时左右，具体步骤如下：

1. 围坐成一个圈。6—10个人的小组是最理想的，但不论有多少人，练习都可以进行。每个人都有一支笔和一张纸。

2. 每个人在纸张的最上面写下自己的名字，要写得大些。

3. 当听到“传递”的指令时，每个人都把纸张传给坐在他们右边的人。

4. 拿到纸张的人要写下三句自己对这张纸的主人的赞美的话。内容包括品质、优势、特质、贡献（例如“我喜欢你的笑”“我喜欢你欣赏大自然的方式，让我注意到大自然的美丽”“我欣赏你表达感激的方式”“你让我感到……”）。在纸上分散地写下评论，以保证匿名性。

5. 当每个人都写完三句话后，发出“准备，传递”的信号，之后每个人把纸张传给右边的人，重复步骤4的指示。

6. 继续传递，直到每张纸都回到它的主人手上。

7. 这时，每个人轮流读出有关自己右边这个人的评论。确保当你是一个听众时，你

   - 放松
   - 倾听，享受，把每句话都听进去，理解它们
   - 相信这些对你的赞美评价是准确的
   - 不要用贬低的自我对话让这些赞扬大打折扣（不要说“是这样的，但如果他们只知道……”“他们只是出于礼貌”“我确实蒙骗他们了”）。如果这样的言论出现，要想“停止！这里发生的一切都是健康的。我承认这些评论里有一些或者许多都是事实”。

对于所有年纪的人来说，这都是一项美妙的练习，它更是一项极好的家庭活动。通常你会听到这样的话：“我从来都不知道人们会有这样的想法。”小组成员之间的好感增加了，人们珍藏起属于自己的那张纸，当他们需要调整情绪或者提醒自己的优势时，会回来看看。

练习　想象爱你的人如何看你

找到一个安静不被打扰的地方，想象你正坐在一个非常信任和爱你的人面前——可以是一个亲爱的朋友、一个爱你的家人、上帝，或者一个想象出来的人。这个人真切地看着你，目光中充满了爱，想象你透过他的眼睛看着自己。

- 你的身体上有什么令人愉悦或者吸引人的东西吗?
- 注意到你所有令人愉悦的个性或性格特征，例如智力、聪明、洞察力、快乐、幽默、正直、平和、好品味，或者耐心。
- 识别你所有的才能和技能。
- 注意一些外貌特征，不只是单纯的身体特征，例如面容、表情、笑容。

通过爱与欣赏的眼睛注视你自己，花几分钟享受这种体验。

现在回到你自己的身体。从爱你的人那里，感受所有的爱和欣赏的感觉——感受温暖、快乐、自在、安全。轻轻地对自己说，“我是可爱的”，感受那些爱和欣赏的感觉在你内心深处生长。

艺术表达能以思维无法企及的方式深刻地影响我们。下面的练习运用艺术来体验无条件的爱，它的好处体现在过程中，而不是“艺术”的本质。

练习　想象成为你爱的人

第1步：体验作为艺术家的感觉

我们的个性创造出有关我们周围世界的新奇且精彩的画作。这些画作不需要看起来真的像一棵树、一座房子，或者一个人——那不重要，重要的是自由地在纸上表达艺术自我。在之后的几分钟里，你将作为一位艺术家，创作一幅精彩的画。但是现在，你只需要想象成为一位艺术家。

第2步：确认一个爱着你的人

作为一位艺术家，你要画你的生命中爱你（并尊重地对待你）的人。花些时间想一想他们——可能是祖父母、其他家人、同事、老师，或者亲爱的朋友。选择其中一个非常特别的人——你知道爱着你的人。

第3步：向自己描述那个人的特别之处

再过一两分钟，你将要画这个特别的人，但是先想一想怎样画。例如，他长什么样子？他有多高？他的头发是什么颜色？他的眼睛是什么颜色？眼睛发光吗？他有一张总在微笑的脸吗？他向你伸出手了吗？他的声音听起来如何？是轻柔的，吵闹的，铿锵有力的，还是友好的？如果声音有颜色，他的声音是什么颜色？他的感受是怎样的？继续思考他对你来说的特别之处。当你想着这个爱你的人时，你现在感觉如何？是否感到爱？温暖？兴奋？高兴？

第4步：描绘一幅爱你的人的画

现在让你内在的艺术家画出一幅有关这个特别之人的画——自由地作画，选择合适的蜡笔、钢笔，或者铅笔为他上色，想象你正看着他。你可以用色彩来描述这个人的声音和感受，或者写几个词语来描述他。慢慢来，享受这个过程。作为一位艺术家，一旦你完成了你的画，一定想要给它起个名字。

第5步：想象成为这个特别的人，能够用他充满爱的眼睛看你自己

现在，请想象你就是画中这个特别的人——你从自己的身体里漂浮出来，成为爱你的这个人。现在，作为他，想一想你是如何看你自己的。仔细地看看。

第6步：描述并画出通过充满爱的眼睛看到的、被爱着的东西

通过爱你之人的眼睛看着自己，将自己看作某个人去爱。向自己描述，你爱你看到的这个人的什么。继续通过爱你之人的眼睛看着自己。现在，请画出你看到的自己。当你描绘和为图画上色的时候，依然通过充满爱的眼睛看着你自己。用颜色或者词语描述你的长相、行为和感受。你的画可能是栩栩如生的、抽象的、颜色飞溅的——不管你选择怎么创作它都可以。

第7步：回到对你自己身体的觉知，带回爱的感受

现在，慢慢地回到你自己的身体。看着这张画，你看到自己是一个可爱的人，轻轻地对自己说，“我是可爱的”，注意到温暖的、爱的感受在你的体内生长。

关注你在练习之后的感受，打破“我毫无用处”这种绝对的扭曲信念，用欣赏的想法和感受取而代之。下面是一些练习者的感受：

- 嘿！我原来没有那么差。
- 我通过练习变得更好了。一开始我不相信这些陈述，后来我发现自己在去上学（或者工作）的路上笑了。
- 我感到更有动力去行动。
- 我感到平和、平静。
- 我认识到，我比我所认为的要好得多。

用欣赏的眼光看待自己的身体

○ 认识身体中的奇迹

一个人的身体不等于他的价值，但却是核心自我的象征，因为我们体验身体与体验核心自我的方式是相似的。

例如，身体是我们接收和体验爱的一条途径。想象一下真切关心你的人拥抱你，温柔地抚摸你的感觉——它会被内在核心感知。如果一个人对镜子中自己的身体充满欣赏，那么他更容易以相似的方式体验核心自我。尊重、关心身体的态度积极地影响着个人对核心自我的感觉，这也反映在合理的健康锻炼中。

相反，在经历虐待、嘲笑时，我们的身体会感到羞耻，而这种感觉通常会蔓延开来，让核心自我也感到羞耻。如果一个人认为，“如果我没有那些瑕疵、皱纹或肥肉，我就会欣赏我的身体”，那么他可能也会对爱核心自我设置苛刻的条件；如果一个人对待身体的不完美很苛刻，那么他同样也可能会对核心自我不友善。

无论我们多么消极地看待自己的身体，也不论它曾经历过多么不好的遭遇，内在核心仍然是完整的，对疗愈的、鼓舞志气的、滋养心灵的爱有回应。随着你培养起对身体的欣赏，更友善地体验核心自我会变得容易些。下面让我们开始欣赏一些身体中的奇迹。

○ 从受孕到成熟

在受孕时，精子和卵子结合组成一个单细胞，它根据独一无二、无可比拟的遗传密码进行无数次繁殖，产生的细胞包括60亿对碱基序列，而盘绕在每个细胞核中的遗传密码只有0.01毫米长。受孕后不久，细胞就会产生5万种生命所需的蛋白质。虽然每个细胞都有相同的基因蓝图，能转变成身体里任何一种细胞，但它是通过激活和抑制某些基因而分化的。因此，一些细胞变成视细胞，一些变成心肌细胞，还有一些变成血管或神经细胞，它们在合适的时间出现在适合的位置。在人一生的历程中，身体细胞会制造5吨蛋白质；发育成熟的身体每天会制造3000亿个细胞以维持人体75万亿个细胞的总量，如果把这些细胞首尾相连，则长达190万千米。

○ 高效的循环系统

心脏把生命之源带至每个细胞——500克左右壮硕的肌肉每天不知疲倦地泵出约7500升血液，在人的一生中跳动25亿次，其速度足以让其他肌肉在几分钟内疲惫不堪。心脏实际上是两个并排的泵：其中一个能强力地推送血液在体内96000千米长的血管里循环；另一个轻柔地将血液输送至肺部，这样就不会破坏脆弱的肺泡。心肌细胞的跳动听起来就像优美的管弦乐一样，节奏和谐一致。科技也无法复制心脏的耐用性——血液冲击主动脉的力量会迅速破坏坚硬的金属管道，因为心脏瓣膜有弹性，它比任何人造的材料都要坚实。

在心脏层面培养爱的技巧首先改变心脏，进而影响思维和情绪健康。心脏通过神经、生物化学、生物物理（血压）以及电磁信息，与大脑和身体的其他部分交流。实际上，从心脏传到大脑的信息比从大脑传到心脏的信息要多得多。这有助于解释为什么改变心脏可以给人带来如此多改变。

脉搏频率是一个非常好的身心健康指标；然而，更好的指标是在每两次跳动之间，心脏能否很好地调整心率。心跳规律是指心脏平稳、灵活且快速地调整跳动速度，如图9-1所示，它反映了神经系统内平衡的模式，与身体和心理健康相关联；而图9-2显示了一种更加混乱的模式，与不够健康和幸福的状态有关。

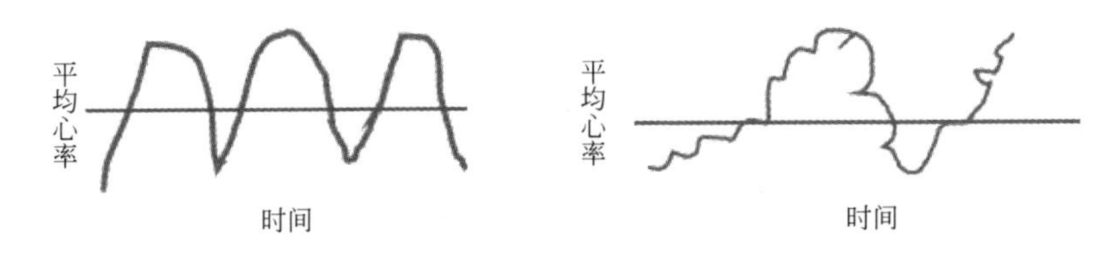

图9-1　心跳规律　　　　**图9-2　心跳不规律**

*水平线表示平均心率，曲线表示心率的逐次变化。

通过下面的练习，我们通常可以在几周到几个月里让心跳更规律。这项练习运用积极情绪，尤其是爱来改变心脏，最终帮助我们用更深刻的爱，更稳定地回应我们自己和他人。

练习　用心脏体验爱

准备：找到一个舒服、放松的地方，准备三份书面的清单。

1. 首先，确认你最爱的人，写下你为什么爱他。花些时间想想那个人让你感觉如何。然后列一份你最喜欢的人的名单，在他们面前，你也许会感到或曾经感到安全、被珍视、被欣赏。这份名单可以包括家人、邻居、老师、朋友，甚至宠物。
2. 列出让你感到爱与快乐的经历。你可能回忆起你感到被大自然拥抱的时刻、和爱你的人在一起的时刻……
3. 列出你对某人感到关心、温柔、尊重或同情的时刻。这个人也许是一位家人，或者是需要帮助的一个人，他出现在你的脑海中。也许你记起曾抱着一个小孩，看着他睡觉。
4. 从这些记忆中选出一个不带消极情绪的，运用到下面的技巧中。体验任何积极情绪（如感激、欣赏、敬畏、平和或满足）都会让心跳更规律；然而，真诚而成熟的爱是让心跳变得规律的最快、最有效的路径，它也和自尊的第二个因素（无条件的爱）相关性最高。如果可以的话，试着激活一种爱的感觉，在尝试下面的技巧时，体验心脏区域的感受；如果你感到这样做并不轻松，可以先选择另外一种积极情绪，然后再用爱来尝试这个技巧。（如果你很难激活积极情绪，可以从让你的心态保持平和开始。）

让心跳规律的技巧只需要几分钟时间，但是它非常有效。安静、舒服地坐好，专注在你的呼吸上一会儿，让自己集中注意力。然后跟随下面的指导语（Childre & Rozman，2005）练习。

1. 呼吸时聚焦于心脏　把你的注意力集中在心脏区域。想象你呼吸的气体从你心脏或胸部的区域流进、流出。呼吸得比平时慢一点，深一点。

2. 激活一种积极感受　真诚地去体验油然而生的感受，如对生活中某人或某事的欣赏或关心。

记住，在心脏层面，体验任何积极情绪都是有好处的，而成熟的爱是让心跳规律的最有效的途径。因此步骤2的目标是激活一种成熟的爱的感觉，并在心脏区域体验它。在这个练习中，细节并不重要，重要的是激活感受并用心脏体验这种感受。

练习这个技巧至少4天，每天至少4次：醒来时、晚上睡觉前，一天中的其他时间再做两次。最初，在你平静的时候尝试；后面你可以在你需要休息或一天中感到压力需要放松自己的时候练习。完成下面的记录来追踪你的体验。

日期	事件/情境	激活的积极感受	影响
	1. 2. 3. 4.		
	1. 2. 3. 4.		
	1. 2. 3. 4.		
	1. 2. 3. 4.		

○ 强健的骨骼系统

人体内的206块骨头，它们比钢铁或钢筋混凝土都坚固。与人造材料不同，承托重物让骨骼变得更加致密和强壮。68个润滑关节让难以置信的连续运动变成可能。例如，脊柱的33块椎骨由400块肌肉和1000个韧带支撑，让头部和身体姿势有无穷的变化；而手部的精妙结构让我们可以用力地拧开一个罐头盖子，也可以轻巧地拂去一片碎屑——一生中，我们手指的关节不知疲倦地伸展和收缩，多达2500万次。骨髓非常有效地利用空间，每分钟制造250万血红细胞，加入已有的2500亿血红细胞大军中，它们首尾相连有5万千米长。而身体的650块肌肉分工合作，一个简单的迈步动作就要用到其中的200块：40块合力让你抬起腿，背部的肌肉让你保持平衡，腹部的肌肉防止你往后跌倒。

○ 感受世界

大脑中复杂的神经元回路让我们感知周围的世界——让我们尝到千滋百味的饮品，闻到饭菜的味道，听到人们热烈交谈的声音，看到五颜六色的花、闲逛的人群、云卷云舒，感受到风拂过脸颊。这些丰富的感知在不到一眨眼的时间里就被完成。

眼睛、耳朵、鼻子确实是微型的奇观。在镜子中，我们看到三维的自己，尽管镜子完全是平的；我们的眼球持续运动，每天的轨迹长达80千米；我们的视网膜上有数千万感应器，每秒钟进行几十亿次计算，使得眼睛比任何照相机都更敏感和珍贵；它还可以自我清洁；正常状态下不需专门保养冲洗。交谈引起鼓膜的振动，振幅只有一个氢原子直径那么长，而敏感的耳朵能够据此分辨人声，并且转向声源；此外，耳朵会向大脑传达有关身体姿势的信号，即使是最轻微的不平衡也能被感知到。虽然鼻子被压缩到比邮票还小的区域，但每个鼻孔都有1000万个气味感应器，使大脑能够区分和记住多达一万种不同的气味。每平方厘米（小拇指盖大小）的皮肤下面是几百个神经末梢，它们侦测到触碰、温度和疼痛；更不用提上百个用来降温的汗腺，还有大量的防止光辐射损伤的黑素细胞。

○ 卓越的防御系统

每时每刻，人体都通过一套复杂的防御系统来抵御一支强大的入侵军队。皮肤形成了第一道防线，它的酸碱成分杀死了大量的细菌，阻止许多杂质进入人体。

鼻子、呼吸道和肺部组成了一套卓越的、完全独立的空气调节和加湿系统。每天我们吸入近1000升空气，能充满一个小房间，其中含有200亿个外来粒子。鼻子和喉咙里的溶菌酶消灭了大多数细菌和病毒；呼吸道的黏液困住微粒子，几百万根细小毛发（纤毛）拼命地将黏液扫回喉咙以便吞咽；强大的胃酸中和了大量微生物——这就是一个小孩喝了泥坑中的水，通常还能保持健康的原因。在鼻子中，吸入的空气被调节到75%—80%的恒定湿度。在寒冷的日子里，更多的血液被输送到鼻子来温暖吸入的空气。

那些逃脱了上述屏障绞杀的微生物引发了一场惊心动魄的免疫活动。几十亿白细胞无情地摄取、杀死进入人体的入侵者，必要的时候，白细胞会触发发烧来帮助打败敌人，并在战争结束时停止发烧；免疫系统的其他细胞大量繁殖和召唤产生抗体的细胞，让战斗的教训被保存下来，记住入侵者的样子和未来可用的防御方式。

肝脏吸收所需的营养，并中和毒素。例如，在血液流经肝脏的8秒钟里，肝脏会对咖啡因、尼古丁产生极大的解毒作用，而这些物质如果直接输送到心脏可能会致命。

○ 身体的智慧

大脑监督人体完成无数的复杂功能。它仅仅重1400克，却含有1000亿个神经细胞——即使是最好的电脑也相形见绌、备显粗糙。由于每个神经细胞都与成千上万个其他神经细胞相连，大脑的灵活性、复杂性和潜力是真正令人生畏的。例如，大脑通过保持身体内部非凡的稳定性来保护生命。如果一个人在50℃的沙漠生活，大脑会指挥更多的血液到皮肤来释放热量、增加汗水；而在北极，血液则被从皮肤转移到重要的内脏器官，同时通过寒战来产生热量。如果一个人流血，水分被推送到血管，血管收缩以保持血压不变。在保持内部平衡的同时，大脑还要作决定、解决问题、做梦、检索存储记忆、识别面孔……为智慧与个性提供无限的容量。

○ 身体的其他奇迹

试想一下，身体是如何将"曾经摇摆在田地里的麦穗"转换成"我们摆动手臂所耗费的能量"（National Geographic Society，1986），或为体内的组织提供动力的：首先通过消化道一系列复杂的转化，然后是更复杂的细胞内的能量转化。

再让我们来欣赏一下肺部的3亿个肺泡，或称气囊，它们把我们吸入空气中的氧和人体细胞中的二氧化碳交换——这些肺泡平铺开来可以覆盖一个网球场。

身体的自我修复能力也令人惊叹：骨骼、血管、皮肤以及身体的其他部分都能自我修复。许多器官都有一个备用系统：两只眼睛、两个肾脏、两个肺；单个至关重要的肝脏也具有非同寻常的再生能力：即使80%的肝脏已被破坏或者切除，它仍然能发挥功能，并且在短短几个月，就能够自我重建到原来的大小。

对身体复杂性和伟大创造的思考有助于我们欣赏我们的身体。尽管可能有些人在传播有关身体的负面的、批评的信息，每个人都要学习或者重新学习积极地体验自己的身体。

练习　欣赏镜子中的自己1

为了让我们更能欣赏自己的身体，请至少连续4天进行下面的练习。

每天至少6次直视自己的身体，或者对着镜子欣赏自己的身体，并注意到一些积极的地方，想一想身体内部的奇观，看一看自己的皮肤、五官、手、手指或者你认为有吸引力的特征。充满欣赏地注视才会发挥作用。

练习　想象身体工作的过程

这项练习是由著名的自尊教练杰克·坎菲尔（Jack Canfield，1985）设计的，用以强化欣赏地体验身体的习惯。完成它需要30分钟，请慢慢地读指导语，或者让别人在一个不被打扰的、安静的地方慢慢地读给你听。连续4天，每天都要完成一遍这个练习。

欢迎进入这项练习。找到一个舒服的位置，坐在椅子上，或者躺在地上或床上。花点时间放松下来，现在开始觉察你的身体。为了提高对身体的觉知，你或许想要伸展身体的不同部位——你的手臂、你的腿、你的脖子、你的背部……现在开始做几次更深、更长、更慢的呼吸——从鼻子吸入，从嘴巴呼出——继续做这样长的、慢的、有节奏的呼吸。

现在，让我们花些时间聚焦和欣赏你的身体。感受空气流入和流出你的肺部，带给你生命的能量。意识到你的肺一直在呼吸，甚至在你没有察觉的时候——吸气、呼气，整个白天、整个夜晚，甚至当你睡着时——吸入氧气，吸入新鲜、纯净的空气，呼出废弃产物，清洁和恢复整个身体。连续不断流入和流出的空气就像是海洋，就像是潮起潮落。因此就在现在，把美丽而灿烂的光和爱送入你的肺，要认识到，自从你呼吸第一口气，你的肺就为你而存在。不管我们做什么，它们一直保持吸气、呼气，从白天到黑夜。现在开始觉察你的横膈膜，它是你的肺部下面的肌肉，它上上下下，不断地让你的肺呼吸……把光和爱送到你的横膈膜。

现在，开始觉察你的心脏——感受它，欣赏它。你的心脏是一个活生生的奇迹——它不停地跳动，从来不索取任何东西，不知疲倦，持续不断地服务于你，将支撑生命的营养送到你身体的每个细胞。它是多么美妙、有力的乐器！一天又一天，它一直在跳动。所以，看着你的心脏被光和温暖环绕吧，轻轻地对它说，我爱你，我欣赏你。

现在，开始觉察你的血液，它是你的生命之河，通过心脏泵出。成百上千万的红细胞、白细胞、抗凝血物质和抗体，在你的血液中流动，抵抗疾病，提供免疫和治疗，把氧气从你的肺带到你身体的每个细胞——从你的脚趾到你的头发。感受血液在你的静脉和动脉血管中流动——所有这些血管都被光环绕，看着光在血液中跳舞，仿佛它把喜悦和爱带给了每个细胞。

现在，开始觉察你的胸部，你的胸腔，感受到它随着你的呼吸起起落落。你的胸腔保护着你身体里的所有器官，保护你的心脏和你的肺，保证它们安全。所以，让自己把爱和光送给这些组成你胸腔的骨头吧。然后开始觉察你的胃、你的肠道、你的肾、你的肝脏——它们消化食物，为身体提供营养，平衡和净化你的血液。看着你的整个身体，从脖子到腰部，都被光环绕和充盈着。

接下来开始觉察你的腿——它们让你能走、能跑、能跳舞、能跳高，它们使得你可以在这个世界站立、前进、奔跑，让你欣喜若狂得喘不过气来。欣赏你的腿吧，感受它们被光环绕，看着腿上所有的肌肉和骨骼都充盈着灿烂的光。对你的腿说，“我爱你，我的腿，我欣赏你所做的所有工作”。然后，开始觉察你的脚——它们让你保持平衡，让你能攀爬和奔跑。它们每天都支撑着你。

然后，开始觉察你的手臂。你的手臂和手也都是奇观。想一想所有你能够做到的事情，都是因为有它们——写字和打字、触碰东西、拿起东西来使用、把食物送到嘴里、收起你不想要的东西、挠痒、翻书、烹饪食物、开车、给别人发信息、胳肢别人、保护自己、拥抱、链接世界、与其他人发生联系……所以，看着你的手臂和你的手被光环绕，送给它们你的爱吧。

然后，让自己去感受拥有身体的幸福吧！你每天都能使用它，去拥有你想要拥有的经历，并且从这些经历中成长和学习。

然后，开始觉察你的脊柱，它让你能够站直，为你的整个身体提供一个结构，为你的神经提供保护，这些神经从你的大脑延伸到脊柱，再往外扩散到身体其他部分。看着一道金光在你的脊柱上飘浮，从最底端的盆骨，一节一节向上移动，直到你的脖子，你的脊柱的顶端，和你的颅骨相连的地方，让那道金光流进你的大脑。

开始觉察你脖子里的声带，它们让你能说话、能被听到、能交流、能被理解、能唱歌、能聊天、能祈祷、能呼喊、能欢呼雀跃、能表达感受、能哭泣、能分享最深层的想法和梦想。

然后，开始觉察你大脑的左半球，它负责分析和计算，解决问题和规划未来，推理、演绎和归纳。欣赏你的才智所赋予你的东西吧！看着你大脑的左半球充满了金色和白色的光，还有闪烁的星星，它们净化、唤醒、爱与滋养着你的大脑，然后让光从大脑的左半球流向右半球——它让你能够去感受、拥有情绪、有直觉、做梦、想象、创造、和更理智的自己对话、写诗、画画、欣赏艺术和音乐……看着你大脑的右半球充满白色和金色的光。

然后，感受那束光由神经流向你的眼睛，看着并感受你的眼睛充满了光，意识到你的眼睛让你觉知到的美丽：花朵、日落、美丽的人们和所有那些通过你的眼睛欣赏到的事物。

然后，开始觉察你的鼻子，它让你能去闻、去呼吸、去品尝，让你感知生命中所有精彩的味道和气味。

现在，开始觉察你的耳朵，它们让你能听见音乐，聆听风声、海浪的声音和鸟儿唱歌，听到“我爱你”；让你能参与讨论，倾听别人的想法，让彼此理解。

现在，感觉到你身体的每个部分，从头到脚趾，被你自己的爱和光环绕、充盈着。现在，花些时间，向你的身体道歉，为你曾对它不好，没有爱护它，没有倾听它，塞给它太多的食物、酒精和药物，太忙没有吃东西，太忙没有锻炼，太忙没有做一次按摩或者洗个热水澡，没有满足它对拥抱、抚摸的需要而道歉。

再一次感受你的身体，看着自己被光环绕，现在让那束光开始从你的身体蔓延到外面的世界，填满你周围的空间。

现在，开始让那束光慢慢地回到你这里，非常缓慢地回到你的身体，进入你自己。感受你自己——现在，你的身体充满了光，充满了爱与欣赏。当你准备好时，你可以开始舒展身体，感受到觉知与活力回到你的身体中，慢慢地坐起来，重新适应房间的环境，睁开眼睛，花你所需要的足够的时间来“苏醒”。

这项练习非常有效，且效果通常随着练习次数增多而提高，有价值的感受和洞察会出现。虽然体验到的感受通常是愉快的，但也不总是这样。例如，一位女士第一次进行这项练习时，她哭了，尤其是当她尝试欣赏她的腿的时候——当她年轻时，她想成为一名舞者，但是她的腿在一场大火中被严重烧伤。她意识到她对这场意外仍然感到愤怒，从那时起她讨厌她的腿。她决定释放对身体的愤怒以及负面的感觉。当下一次尝试这项练习时，她能够非常享受它。因此坚持练习，并期待收获随着时间的推移而增加。

练习　欣赏镜子中的自己2

其他人看待你的方式可能会被他们看待自己的方式扭曲；然而，一面镜子反映出的图像是十分准确的。照镜子的时候，你的注意力可能会放在你的外表上——衣服、头发、瑕疵……下面，你将会用不同的方式看你自己，它可能和你之前使用的方式都不同。

1. 在接下来的4天里，每天都找到一面镜子照几次。
2. 用充满爱的眼睛注视镜子中你的眼睛——你可能首先会注意到你的眼睛里展现出些许紧张，带着真正的理解和情感，试着去理解紧张背后的东西，让它平息下来。当你深情地注视时，你会注意到你的眼睛和整个面容的变化。
3. 经常重复这个练习。你可以用任何镜子，甚至是汽车中的小镜子。

随着时间的推移，这个简单却深刻的练习让一种非常有益身心的、良好的感受生根和成长。当你看着你的眼睛，看到核心自我，就会明白外表和外在因素是次要的，它们没那么重要。你可能注意到你开始期待和享受照镜子，而不是恐惧它，因为你的焦点现在在无限的价值——核心自我上，你充满爱意地看到了它。

欣赏地看待核心自我

使用"尽管如此"技能

让我们把注意力转回到核心自我，记住无条件的爱对于心理健康和成长是必需的这个前提。"无条件"意味着尽管存在不完美之处，我们仍选择去爱。

前面的章节中，我们使用"尽管如此"技能来找回价值感：

1. 一个人可以承认外部条件让人不愉快，而不必谴责核心自我。
2. 那些自我厌恶的人倾向于使用"因为……所以……"的思维模式

（例如“因为我很胖，所以我讨厌我自己”），这样会侵蚀自尊。

3. “尽管如此”的技能提供了一种现实、乐观、及时的，对不愉快的外部条件的回应。这种回应所强化的感受是：我的价值和外在因素分离开来。

我们仍可以用这种技巧培养对自己无条件的爱，例如：尽管我超重了，然而

- 我爱我自己。
- 我确定爱我自己。
- 在内心深处，我真的很高兴做我自己。
- 在内心深处，我真的喜欢和欣赏我自己。

也可以使用这样的格式：我确实__________，但是__________。例如“我今天确实表现得差劲，但是我爱我自己”。

练习　尽管……然而……

邀请一个同伴，让他说出任何出现在头脑里的负面的表述，不论真假，如：

- 我讨厌你。
- 你是个失败者！
- 你真是个懒人！
- 你为什么总是搞砸？

把你的自我暂且放下，对每句批评都用“尽管……然而……”的句子来回应；另外，你也可以使用之前学到的方法，友善地和自己对话。

例如，如果被贴上“失败者”的标签，你可以这样回应：“实际上，我是一个有时会失败的成功者，尽管我有时候失败，然而……”如果有人断言你总是把事情搞砸，你可以这样想：“尽管我有时候把事情搞砸，然而……”

练习　记录爱的感受

在接下来6天里，每天选出三个可能会损害自尊的事件或情境（例如，你照镜子时看到了自己的眼袋、有人批评你或骂你、你表现得差劲、你爱的人不爱你），用“尽管……然而……”的陈述来回应每件事。然后，在下面的表中描述这个事件或情境、你回应的句子，以及这句话对你的感受有什么影响。坚持记录可以强化这个技巧。

这个练习让你能够带着无条件的爱去经历具有挑战性的事件。这样的爱被体验为一种感受。试着带着情绪说出每句话。你可以把下巴抬起来一点，在脸上扬起愉快的表情。

日期	事件/情境	使用“尽管……然而……”的陈述	影响
	1. 2. 3.		
	1. 2. 3.		
	1. 2. 3.		

续表

日期	事件/情境	使用“尽管……然而……”的陈述	影响
	1. 2. 3.		
	1. 2. 3.		
	1. 2. 3.		

请记住，爱是一种感受，也是一种每时每刻都给自己最好祝福的态度，是你每天都要做的一个“决定”。因此，意愿和承诺是爱自己的关键。

“同情”地对待自己

当事情变得糟糕时，你通常会如何对待你自己？当你犯了一个错误，没有达到目标，意识到某个性格缺点，因身体的某个部分而困扰，被批评、责骂、取笑、虐待、排斥，委屈地面对挫折，陷入一场激烈的争论时，你对自己是严苛（自我批判）的，还是友善的？下面哪一栏语句能更好地描述你在困难时期通常用以对待自己的方式？在符合的句子前打钩。

对自己严苛（自我批判）	对自己友善
□ 我用严酷的、评判的、否定的、不尊重的语言同自己对话。（例如“你是个白痴！你就不能做正确的事吗？”）	□ 我用自我关怀、自我鼓励的语言同自己对话。（例如“这很难，继续努力！）
□ 我总是关注在我的错误上。（“我不够格，是个失败者。”）	□ 我记得我做得正确的事情。
□ 我不能忍受我的弱点，不能忍受任何不完美的部分。	□ 我认识到我的缺陷和弱点，并且接纳我自己。
□ 我把自己看作一个需要修理的问题，并且专注于修理我自己。我经常感到羞耻，急切地想要改进。（“做得更多、更快、更好。”）	□ 我很有耐心，并理解我的不完美；我专注于变得更幸福、成长与改善。
□ 我忽略我的遭遇和痛苦。	□ 我认识到我的痛苦，并会为此停下来释放自己。
□ 我感到我是唯一一个经历这些的人	□ 我知道每个人都在为自己的不足感到痛苦和挣扎。许多人和我有同感。
□ 我尝试用恐惧、愤怒和惩罚激励我自己。（完美主义是受恐惧驱使的。）	□ 我友善地激励我自己。
□ 我被我对自己的评判以及别人对我的评判伤害。我很在意我给别人留下的印象。（“如果我做得不够好怎么办？”）	□ 我不是很担心评判。（“人们不觉得我好，那有什么大不了的？”“即使我失败了，也不是世界末日。”）
□ 我责怪自己。	□ 我尝试理解事情有多困难，然后尽我所能。

刚刚你已经看到了在困难时期你是如何反应的，请在下面标出当事情变得糟糕时，你通常有怎样的反应（图10）：

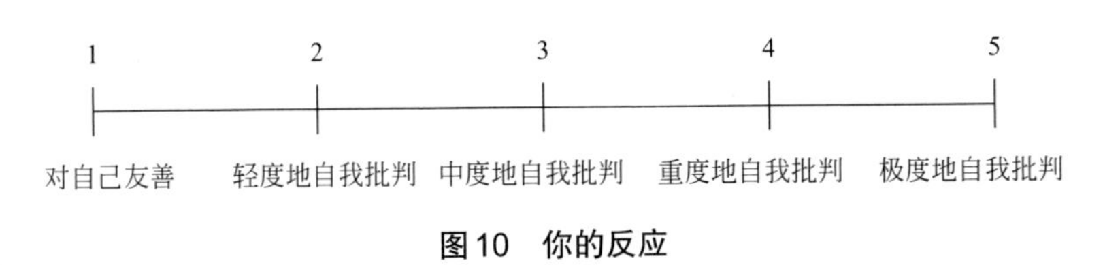

图10　你的反应

与自己建立友好关系的方式被称为“自我同情”，这种方式有很多好处。克里斯汀·内夫（Kristinn Neff）博士是自我同情的领军研究者，他解释同情指的是和一个人一起遭受痛苦；而自我同情与“己所不欲，勿施于人”的黄金法则相反——像你对待好朋友或者爱人那样对待你自己，它让我们在困难时期和关键时刻对自己温柔、温暖，用理解和善意来回应自己的痛苦。自我同情有3个组成部分：

1.对情绪困扰的正念觉知

指我们以一种平静的、不作反应的、有点超然的方式承认和观察我们的想法、感受和身体感觉。我们只是注意到此时内在在发生些什么，保持距离进行观察，就好像我们在观察一朵飘浮在天上的云。不要对我们的体验进行评判（好或坏）；我们只是接受当下体验到的一切。

- 不要忽视或回避痛苦，因为我们必须觉知到痛苦才能疗愈或减少它。令人惊讶的是，对痛苦的正念觉知有助于平息它，帮助我们超越它。
- 当自我批判的想法出现时，我们只需注意到这些想法，带着好奇接受它们（“我有一个批判的想法——它只是一个想法而已”），不要被它们左右或者采信它们。
- 退一步观察痛苦，并且不为它所困，这样可以使头脑和心灵平静下来。更重要的是，增加的正念觉知以及自我接纳的姿态，与自尊和幸福感的提升有关。

2.对人类共同本性的认识

指我们所有人都在同一条船上——我们都会遭受痛苦。这个观点帮助我们感到不那么孤独，不那么被孤立。每个人都想要幸福、爱与被爱、成功与成长、不遭受苦痛，都会有时候感到不足、脆弱、有缺点、犯错误、不能得到我们想要的。这样的理解帮助我们不去放大我们所遭受的痛苦，因为我们认识到其他人也和我们一样，没有人是特殊的。人与人之间并没有不同，也没谁能更好——每个人都很重要，每个人遭受的痛苦都很重要。

3.对自己友善和支持

指用善意、温暖的理解、耐心和深切的关怀来回应自己内心的痛苦，而不是严厉的批评。你不是自我谴责，而是安抚自己；你就像是一个哭泣的孩子，问问自己，“我怎样才能给你提供温暖、温柔、鼓励和疗愈心灵的同情？”

自我同情和无条件的爱、共情密切相关。“共情”是用善意的理解在你的内心去怀抱他人的痛苦，并对他们说：“你并不是一个人。我和你在一起。”共情并不是劝说一个人走出他的痛苦，而是通过敞开心扉的联结来减轻痛苦。

自我同情不是自怜、回避责任或自我放纵。实际上，具备自我同情的人比不具备的人更加有动力去承认弱点，并坚持朝向建设性的目标努力。和健康的自尊一样，自我同情与更高幸福感和情绪健康水平，以及更少的抑郁、焦虑、羞耻感相关。

自我同情的人相信我们都在同一条船上，理解我们都会犯错并因此遭受痛苦，更容易宽恕，不太可能认为自己比别人优越或低人一等。他们也往往更友善，对他人的控制更少。

自我同情平息了损害自尊的严苛评判。重要的是，它帮助我们将所有人（包括我们自己）都看作是有价值、值得关怀的。

如果你已经习惯了自我批判，这是可以被理解的：也许你内化了养育者传达出来的信息——严苛的自我批评、虐待或冷漠；也许你从来没有学会对自己友善，去传递温暖的、抚慰的、疗愈的信息；也许你听着下面这些话长大（Schab，2013）：

- 你不够好。
- 你没有努力……你要更努力。
- 你不会成功的。
- 你到底怎么回事？
- 你这个白痴！失败者！
- 你就不能做正确的事情吗？
- 你为什么不像你姐姐？
- 你一无是处。
- 我不爱你。
- 你真差劲。
- 你为什么这么懒？

我们也许觉得，自我批判让我们免受负面评价，让我们循规蹈矩，防止我们犯错误；它会提供一种虚假的优越感（“至少我足够明智，能认识到我有多么不足；我足够公正，会为我犯的错惩罚自己”），也会助长虚假的骄傲（“我如此习惯优秀，失败对我来说有失身份”），我们甚至会发现，它提供了一种保护（“我要比批评我的父母先行动，以此获得他的赞同”）。

但长远来看，自我批判是令人耗竭和沮丧的：它是一种对自我的情绪攻击，就像身体攻击一样，会激活压力反应，久而久之会抑制愉悦，耗尽能量。对自己的打击削弱了动力和自信心，与自我批判相关的痛苦情绪，会诱发以自我毁灭的方式行事的冲动——内夫（Neff，2011）解释说，恐惧诱发了去逃离和回避问题的冲动；愤怒诱发了攻击的冲动，让我们把痛苦发泄到别人身上，并指责别人；羞耻感诱发的冲动，让我们躲避人群、掩盖缺陷、寻求快速解决问题的方法。相反，自我同情诱发了自我接纳和成长的冲动。

总之，自我同情是一个比自我批判有效许多的激励因素，是一条更有效的通往心理健康、内在平和与成长的途径。幸运的是，我们能够通过练习学会用自我同情替代自我批判。

- 与其试图压制或忽视痛苦（这实际上增加了我们思考它的时间），我们要学会给予痛苦充分的、友善的关注。我们要承认痛苦的存在，并且承认它的存在是合理且重要的。
- 与其不断对抗痛苦，我们反而要拥抱它——以这种方式回应痛苦通常会减轻痛苦，就像是抱着并抚慰一个哭泣的孩子，最终哭声停止，孩子又回去玩了。

练习 “观察”你的想法

我们将开始通过提升正念观察来培养自我同情，进而提高自尊（Pepping，Davis，& O'Donovan，2016）。找到一个舒适、安静、不被打扰的地方坐下，你需要在这里度过15分钟。这次练习不一定让你比之前更放松、更平静或更好，而只是简单地练习正念。现在花几分钟调整到一个舒服的姿势——让你的背部伸直但不僵硬，把脚平放在地上。轻轻地闭上眼睛，如果这样做让你感到不舒服，也可以只找到地板上的一点以集中注意力。跟随下面的指导语，朗读它或者录下来听。

感受你的身体和椅子之间的所有接触点，然后进入静止的状态。注意你的脚在地板上的感觉，让我们由此开始。感受你的脚底在鞋子里……现在将你的注意力带到你手掌的感觉上，注意你正在触摸的东西，或“接触”的感觉，或许是你手掌上的空气的感觉，或许是空气的温度……把你所有的注意力和意识都带到身体的这个部位。

现在把注意力转换到呼吸的感觉上。我们不是试图用任何方式改变呼吸，呼吸也不必更深、更慢、更平静。只是注意这个时刻呼吸本来的样子。在这次的练习中，我们将呼吸用作一个锚。因此，每次你发现你的思绪在游荡，你开始去想或回应出现的声音、想法时，你要一次又一次地把思绪拉回到呼吸上，也就是把你的注意力放回到呼吸上。所以现在，在接下来的几分钟里，只是坐着，把注意力放在吸气的感觉和呼气的感觉上。把注意力停留在呼吸感觉最明显、强烈的身体部位。它可能是你的腹部，或者你的胸部，或者鼻子，或者喉咙。把你所有的注意力和意识都放在那个部位。

每次发现自己走神时，只要轻轻地将注意力拉回到呼吸上。你可能已经发现你的思绪在游荡，你的头脑在做自己的事情；你可能在想现在的练习好无聊，或者好奇它是否在正确地进行，并产生如何放松和平息这种感觉的想法；你可能会注意到怪异的、随机的想法，或计划今天剩下的时间，以及明天将干些什么；你可能不想要这些想法，或者觉得不应该在这个时候有这些想法；你可能发现很难让自己的思绪安定下来——无论如何，只要知道，它们只是想法而已，是出现在大脑中的精神事件，如果你不去管它们，它们会离开你的大脑，并被更多的想法替代。正念觉知的目的不是去阻止它们、抑制它们、抵抗它们，或消除它们——你只需知道自己正在产生这些想法，然后把注意力转回到呼吸上。因此，你的想法就像是背景声一样——它们就在那里，在喋喋不休，但它们不一定是真的，你不一定要相信，不一定要付诸行动，也没有被卷入其中。

所以，吸气，呼气……简单地观察呼吸。在每一个时刻，随着它的流逝，意识到所有正在发生的事情。你的想法就在那里，不管你想要还是不想要它们，所以，就让它们自由地来去吧。

你可能开始意识到久坐带来的感受和感觉，你可能注意到不适或发痒的感觉——试着只是把这些体验为感觉。你可能注意到“是真的痒”“难以忍受”或“我必须挠一下”这样的想法——再次提醒，它们只是想法，它们不一定是真的，你不必服从它们；只需去体验这些想法和感觉，开放地允许它们存在，把它们放在意识的一个部分，同时把注意力集中在呼吸上。

或许你的大脑被刺激，告诉你去挠痒，或者动一动。如果你决定遵从指令，只要带着觉知这样做。然后回到呼吸上，允许事情按它们本来的样子存在。吸气，呼气……让想法和感觉进入意识，然后离开意识。继续专注在你的呼吸上：吸气，呼气……

无论发生什么……回到呼吸上。

现在，把你的注意力和意识放在感受你的身体坐在椅子上，感受你和椅面所有的接触点。现在，感受你的脚在地板上，感受你的脚底在你的鞋子里。

然后，把注意力带到你的手掌上。无论它们触摸着椅子还是你的身体，无论你是否感受到手掌上空气的温度……把注意力放到你的手掌上。

现在，轻轻地把注意力和意识带到你所在的房间。当你准备好时，睁开眼睛，回到房间里。

在匆忙地开始你的一天前，花些时间注意一下你现在的感觉。你的身体感觉怎么样？你的大脑呢？通常人们注意到，他们会感到更加安定、更加平和——接纳现状，没有斗争、抵抗、试图去改变，或者评判——这是令人平静的。无论你注意到什么，或者你注意到的东西并不令人轻松，只需带着好奇，不加评判地去注意它。这是正念觉知的本质。

接下来的4天里，每天至少练习一次。试着只是坐下，以一种友善的、好奇的、不带评价的方式，注意发生的一切。无论你想到什么、感受到什么、感觉到什么，都是可以的。就在当下，无论出现什么都不要对它作出反应。只是用友善的接纳来回应它。

练习　同情他人

记录你对下面情境中的人或动物的关心或者共情程度，用1（低）到10（高）分来评价。然后写下你对此事的感受，可以自由发挥，也可以从下面四个词中选择：痛苦、无助、伤心、生气。

1.你朋友的父母去世了。

关心/共情程度：__________感受（至少1种）__________

2.你最好的朋友将要死去。

关心/共情程度：__________感受（至少1种）__________

3.一只小狗在雨中一瘸一拐走在街上。

关心/共情程度：__________感受（至少1种）__________

4.一个人在飓风中失去一切。

关心/共情程度：__________感受（至少1种）__________

5.一个小孩患有绝症。

关心/共情程度：__________感受（至少1种）__________

6.一个残疾小孩借助拐杖走路。

关心/共情程度：__________感受（至少1种）__________

7.你的父母或祖父母老去。

关心/共情程度：__________感受（至少1种）__________

8.你爱的人被严厉批评。

关心/共情程度：__________感受（至少1种）__________

9.一只小猫失明了。

关心/共情程度：__________感受（至少1种）__________

10.一个人流落街头无家可归。

关心/共情程度：__________感受（至少1种）__________

11. 一个人的车在高速公路上抛锚。

关心/共情程度：＿＿＿＿＿＿感受（至少1种）＿＿＿＿＿＿

12. 一位朋友在车祸中失去孩子。

关心/共情程度：＿＿＿＿＿＿感受（至少1种）＿＿＿＿＿＿

13. 一个家庭中的孩子因自杀去世。

关心/共情程度：＿＿＿＿＿＿感受（至少1种）＿＿＿＿＿＿

勾选出当你抱有同情地说话时可能会用到的表述。

☐ 你发生了这种事，我心里很不好受。

☐ 我能帮上什么忙吗？

☐ 你还好吗？

☐ 告诉我，我能做些什么？

☐ 我想要帮忙。

☐ 一切都会好起来的。

☐ 我会帮你渡过难关。

☐ 我很关心你。

☐ 都会好起来的。

☐ 我很开心你告诉我这些。

☐ 其他：＿＿＿＿＿＿＿＿＿＿＿＿＿＿＿＿＿＿

圈出你经常做的、富有同情心的行动。

倾听	拥抱
传递能量	关注
提供时间	提供情感上的支持
提供经济上的支持	亲切地拍对方的肩膀或手臂

其他：＿＿＿＿＿＿＿＿＿＿＿＿＿＿＿＿＿＿

从练习开始部分的13个情境中选择两个，描述你会如何富有同情地对待那个人或动物。

情境__________

我要说的是____

我要做的是____

情境__________

我要说的是____

我要做的是____

练习　同情自己的遭遇

关于同情地对待自己，你有什么想法和感受?

____

____

____

____

你可能不习惯同情自己，但是如果你知道如何同情地对待别人，你也会知道如何这样对待自己。想一想上个练习中列出的富有同情心的文字和行动，描述你如何在下面的情境中对自己表现出同情。

你度过了艰难的一天。

富有同情心的语句:____

富有同情心的行动:____

你让你的领导失望了。

富有同情心的语句:____

富有同情心的行动:____

你让你自己失望了。

富有同情心的语句：________________________

富有同情心的行动：________________________

有人因为你做的事情对你生气了。

富有同情心的语句：________________________

富有同情心的行动：________________________

你犯了一个错误。

富有同情心的语句：________________________

富有同情心的行动：________________________

有人批评了你。

富有同情心的语句：________________________

富有同情心的行动：________________________

下面的技巧非常有效，当你在任何困难的环境中感到痛苦——当你沮丧、难过、自我批判，或者受伤时，试试它（先在你不是十分痛苦的时候尝试这个技巧；熟悉以后，你可以在更痛苦的时候使用它）：

允许自己真正地触碰所有艰难的感受和感觉。记住，“无论我感受到什么都是可以的。让我感受它”。把两只手轻轻地放在心脏的位置。感受手心的温度，胸脯有节奏地上下起伏。你可以揉一揉或平抚你的心脏区域。吸气的时候把同情吸进来，想象对自己的抚慰和善意。轻声或者大声地、温柔地、怀着善意的接纳重复下面四句话。注意第一句是关于正念觉知的表述，第二句是关于共有的人性，最后两句是关于善意。

1. 此时，我感到痛苦。

2. 痛苦是生活的一部分。

3. 愿我此时对自己饱含善意。

4. 愿我给自己所需要的同情。

伴随着每一次呼吸，感受善意的理解充满了你的心，抚慰你的身体。

当你已经重复这四句话几次后，注意当下你是否没有几分钟前那么痛苦了。

熟记这四句话，在任何艰难的时刻使用它们。如果你愿意的话，可以尝试使用其他的句子，如下面表格中所示（Neff，2011）：

正念觉知	共有的人性	善意
这是很困难的。 现在真的很难。 现在我真的感觉很受伤。 是的，很痛苦。 这对我来说是一场斗争。 这是很难捱的，我需要关心。	我们都曾或都会遭受痛苦。 遭受痛苦是人类的一部分。 每个人都有痛苦。 有这样的感受是正常的。 很多其他人也经历过我所经历的。	愿我用关心怀抱痛苦。 愿我尽可能地展现善意。 愿我善解人意。 我为你在受苦感到难过。 这样的遭遇值得同情和安抚。 温柔一些，平和一些，开放一些。 我是一个正在遭受痛苦的，有价值的人。 愿我对自己温柔和理解。

写下四句你会使用的陈述：一句用于正念觉知，一句描述共有的人性，两句用于怀有善意地面对你的痛苦。熟记它们，然后用它们来度过连续四天里的三个艰难时刻。记录你的练习如何影响你的想法、感受和身体感觉。

陈述1（正念觉知）：________________

陈述2（共有的人性）：________________

陈述3（善意）：________________

陈述4（善意）：________________

时间	艰难时刻	对想法、情绪、身体感觉的影响
第一天	1. 2. 3.	
第二天	1. 2. 3.	
第三天	1. 2. 3.	
第四天	1. 2. 3.	

练习　同情自己的感受

人们常说，他们用身体，而不是头脑来体验消极情绪。抚慰身体甚至比试图与负面想法抗争更有效。这项练习有助于改变我们回应痛苦的方式——在身体层面不带评判地自我同情。

1. 在一个安静的地方舒服地坐下，或者独自边散步边练习。
2. 停下来注意你的呼吸，注意你吸气呼气时的所有感觉，如胸部上下起伏、空气流进流出。停留在你的呼吸上，清净下来，享受片刻放松、平和的安静。
3. 选择一个伤害了你的自尊或引起痛苦情绪的艰难时刻，比如你感到羞耻、受伤、担心、孤独、内疚、害怕，或拒绝的时刻。
4. 回想所遭遇的痛苦，意识到痛苦的来源和由此产生的感受。也许你感受到惊吓、失望、不足、没有价值、生气，或者被孤立。只是注意和命名这些感受，不要卷入到故事情节中。注意这些感受，不要评判它们好或坏。无论你感受到什么都是可以的。
5. 现在最不舒服的情绪是什么？温和地接纳它，不去抵抗，注意你身体的什么部位在感觉那种最不舒服的情绪？也许你感到你的头部、肩膀、喉咙发紧，前额和眼睛收紧，心脏沉重，反胃，或者麻木。然后看看你是否能够对自己描述这些感觉，例如“麻木”“紧绷”“冷”“发热”或者“刺痛”。
6. 带着关切的好奇心，注意受伤的感觉是否会增加，它是否伴随着严苛的自我批判，或因为没有符合标准或做到完美而打击自己。只是关注，不带评判。即使是严苛的批判，也带着善意迎接它；你甚至可能会感谢那个严苛的内在批评者想要帮助你。让感到不适的部位放松。只需要坐着，平静地面对这种不适。

7. 把你的手轻轻地放在那个不适的部位，用一种抚慰的、安抚的、温暖的方式，也许是轻轻地拍打、爱抚，或者划着令人安心的小圈儿揉揉那个部位——任何给予关心、温柔、爱或安抚的方式都可以。如果摸不到那个地方，你可以用想象来替代。让不适就在那里吧。不要与它战斗或强迫它离开。你现在是安全的。

8. 让你的脸上露出一种柔和的、温柔的、充满爱的微笑。当你看着自己的痛苦时，就像父母深情地凝视着熟睡的孩子。

9. 每次吸气时，往身体的那个部位吸入充满抚慰的同情。随着每次呼气，释放紧张和压力。

10. 无论什么时候，如果你发现自己在思考——你的头脑在游荡、评价、担忧，或批判，轻轻地把注意力送回身体的那个部位，从那里吸气、呼气，一边做，一边重复“温柔一些，平和一些，开放一些”。注意这之后会发生什么变化：也许紧张感减轻了、消散或消失了。无论发生什么，或者什么都没有发生，只需带着好奇和它待在一起。

11. 现在，让对感到痛苦部位的意识淡去，把它转移到你的整个身体——你的呼吸、你的移动、所有感觉、关于你正在经历的事情的感受……记住我们都是不完美的，生活是不完美的。如果我们对这一切持开放的态度，即使面对苦难，我们也会感到快乐。

12. 最后，强化“变得富有同情心”这个目的。把你的手放在心脏上，重复下面的话：

- 愿我平安。
- 愿我平和。
- 愿我对自己饱含善意。
- 愿我接受我本来的样子。

当你一直重复这些话的时候，给予自己善意和同情，就像给一个感到糟糕的朋友提供善意的支持一样。注意你心脏上的手，做几次深呼吸。体验同情的感受是怎样的——也许是温暖的、坦荡的、有勇气的、平静的，或者真实的。好的感受也是人类经历的一部分。记住每个人都在同一条船上。尽情享受善意直接指向自己的体验。如果你走神了，就在头脑里再重复这些话。

13. 当你准备好时，感谢自己作为一个友好的、支持的朋友。伸展身体，然后继续你的一天。

这项练习是一个非常有效的，面对艰难时刻的方式，让我们不会过度思考，或被剧情带跑。练习第12步中的短句被发现会带来广泛的情绪和身体上的好处，包括增强自我同情、自我接纳和积极情绪，减少自我批判。

完成下面的记录来追踪你的进展。

日期	时间	对身体的影响	对情绪的影响
1.			
2.			
3.			
4.			

写下关于痛苦的日记

试图不去想痛苦，这会消耗大量的能量，让痛苦无法改变。与此相反，给予痛苦尊重，有助于安抚和减少痛苦，让我们能更好地超越它。

詹姆斯·彭尼贝克（James Pennebaker）是得克萨斯大学的心理学教授，他的研究发现，忽视或沉浸在强烈的负面情绪中是不健康的，而将关于困难时期的经历、深层想法和感受写下来是有益的。从20世纪80年代起，超过300项研究支持了这个观点。从身体上，记录经历的人睡眠质量更高，身体疼痛和疾病更少；从心理上，他们的幸福感、快乐水平提升，更少出现抑郁、焦虑、愤怒、羞耻感以及担忧；记日记甚至提高了他们的思维能力和工作效率。

用一种安全、自在的方式写作会让事情慢下来，使我们能够去联结和尊重自己的全部——我们本身，即使是在困难时期。它帮助我们更好地理解我们自己和我们的困难，让我们用同情疗愈心灵中的伤口，恢复完整的感觉。

当我们尊重自己的痛苦时，我们会更清楚地看到，不论深陷其中还是战胜了痛苦，自我的价值就在那里。当我们面对而不是回避痛苦时，可能会发现：

- 一种释放长期隐藏的秘密的轻松感；
- 让我们度过困难时期的优势力量，可能会保护自己或其他人免受更多伤害；
- 抗挫折的心理韧性和自信，让我们能应对当下，因为已经历过最困难的时期；
- 不同的理解事件的方式，让我们更平静地接受它；
- 用同情（而不是严苛的评判、自我批评）来回应自己的机会；
- 感激身边的一切（朋友、能力、感觉、食物、教育、机会、美丽……）；
- 将注意力转向生活中的积极面的方式；
- 给生活带来新的意义的方式。

写日记几乎能让所有人受益，不论性别、文化……写日记对所有的创伤、逆境都有用，尤其当事件是我们意想不到的、不愿面对的、难以谈论的。如果我们被过去困扰，经常想起它，并且花费大量的力气试图避免想它，尝试写日记可能会有用——对那些想要信赖他人却从来做不到的人尤其如此。

指南及注意事项

- 最好建立写作的习惯—在每天的同一时间写作，留出时间反思。理想的时间是周末、假期、一天结束时。在一个舒适、安全、私密的环境中写作，如卧室、图书馆、咖啡厅，或者公园。当环境不理想时，写比不写总归会更好一些。用笔记本、日记本或单张纸—你喜欢就可以。
- 最好在一个创伤事件发生后等几周再写下它，让情绪安定下来。
- 当写作痛苦的经历时，你可能会体验到情绪上的波动，可能会感到难过甚至抑郁—尤其是开始的一两天，这是正常的。这些感受通常持续几分钟，偶尔是几小时，极少数是一两天，就像是看完一部悲伤的电影。一些人在他们写作时哭泣，或者梦到过去的事件。然而，大多数人在之后的六个月中都感到轻松和满足。他们通常能更好地理解过去，想到它时不再心痛。
- 如果你感到写作让你濒临崩溃，那就缓一缓，先写其他的主题，或停止写作。如果至少四天的写作没有让你感觉更好，可以考虑向专攻创伤的心理健康专家求助。
- 每次写完日记后，注意你表达最深层的想法和感受的程度，和你现在的感受。想一想这一天的写作是多么有价值。在四天中，注意你的情绪状态或理解是否发生了变化。

练习　四天日记

1. 找到一个安静、不被打扰的地方，你需要在此至少待20分钟。如果有一个平面可供写作就更好了，例如房间角落的一张桌子。
2. 用20分钟写下最让你烦恼的事——让你夜不能寐、沉浸其中、试图回避的事。理想情况下，它应该是你从未和别人详细谈论过的事。不要在意语法、拼写或标点符号。
3. 清晰地描述事件。这件事之前发生了什么？过程中及后来发生了什么？主要的人物是哪些？他们在做什么，感受到什么，想什么？你在做什么，想什么，感受到什么？这个经历怎样影响你？它怎样影响其他人？讨论你有关这次经历最深层的想法，尤其是最深层的感受。让你的写作个性化，发自内心，而不是冷漠或理智的。命名和接受所有感受（提醒自己，“无论我感受到什么都是可以的”）。你可能会探索这个事件和你的童年有怎样的关系，你与家庭成员、朋友、爱人以及其他重要的人的关系，你的工作，你在生活中的地位；你可能把这件事和过去、现在以及未来的你相联系——它改变了他人看待你的方式吗？你怎样看待你自己？开始时出现明显的漏洞也无妨。在四天的过程中，许多方面可能会变得更清晰。
4. 你可以四天都写同一件事。许多人发现这样做会加深理解，在四天后有一种完结的感觉。然而，如果你发现自己转向其他主题也没关系。创伤会蔓延，影响生活的其他方面，比如婚姻问题。跟随写作时的思路，只要写作主题蕴含了重要的情绪就可以。如果你发现自己在写琐碎的、让人分心的事，那就回到困难的事件上。如果你厌倦了这样做，痛苦的经历似乎也已经被解决了，那就转换到另一个令人烦恼的主题上。关注每一个你一直在回避的主题。

5. 只写给自己看。如果担心别人会读到它，你可能不会写出真实的感受。如果你害怕别人可能会看到它，把日记藏起来或撕掉。
6. 如果可以的话，尝试连续四天写作。但跳过几天也没关系，总之，越快完成写作练习越好。如果有必要的话，你可以用另一种更合适你的方式来写作（例如，每周一次持续四周）。
7. 每天至少写作20分钟，进行四天。如果你发现写作开启了对其他问题的思考，可以再多写几天。
8. 如果你每天都在写，但发现所写的同一主题在文字上没有变化，没有缓解痛苦，那或许是时候休息一下了，至少在这个主题上暂停一下。
9. 如果一个主题让你心烦意乱，那就放松一点。慢慢地接近它，换一个其他的主题或暂停写作。
10. 如果你把失眠与闯入性记忆联系起来，那么可以尝试在睡觉前写作。写日记是接受担忧的有效方式，而不是为了和它们抗争，把它们从头脑中清除。
11. 在未来任何你感到需要的时候拿出你的日记本，写作时间的长短依你的感觉而定。研究发现，从只持续几分钟到长达30分钟的写作都是有益的。

更多的好处可能来自额外的日记练习，例如尝试不同的方法。在完成四天的练习之后，至少留给自己两三天的时间，然后再回顾你写的内容。注意以下几点：

- 在四天的过程中，你发现更容易开放和展露自己，表达最深层的想法和感受了吗？在四天以后，你有一种完结的感觉，并对自己有更深的理解吗？额外的写作会有帮助吗？

- 在四天的过程中，你是否在重复你已经写过的内容？这表明这个过程卡住了。你对不同的方面或视角保持开放吗？如何以有益的方式扩展你的视角？
- 你承认存在好坏两种结果吗？这样做会增加写作的获益。你因为这场剧变失去了什么，又获得了什么？
- 你的写作同时包括消极和积极情绪吗？承认消极情绪，不沉溺于自怜或自我打击是有帮助的；然而，加入积极情绪会增加写日记带来的好处。你的日记中包括积极的词汇吗？如“爱”“关心”“勇气”“有趣”“温暖”“尊严”“接纳”“平静”“有意义”……你可以试着用更积极的短语（如“不开心”“不平静”“打断了我平日积极的过程”）替换消极情绪（如“伤心”“紧张”“担心”“消沉”）。
- 使用洞察的词汇会有所帮助，如“导致”“影响”“因为”“理由”“根本原因”“理解”“认识”“知道”“意义”。这些词语表明在积极尝试去更好地理解一个人的故事，理解这段经历，并构建意义。

注意，扩展视角并不是把痛苦最小化（像“咬紧牙关”或“你总有一天会对此一笑置之”这样的说法）；相反，它是积极地寻找实际的获益，例如更深的理解、更友善的视角、智慧，或者生活方向上的建设性改变——寻求或给予宽恕的主题或许会由此出现。

如果你被“卡住”了，试着后退一步，从不同的视角写这件事，例如：

- 用第三人称来指代自己（例如“他感到……”）。
- 指出你想要别人知道什么。
- 单数人称代词（我、我的）表示聚焦自我，这样很好。但是，尝试写写其他人和他们的视角。
- 想象你最好的一位朋友遭遇了与你类似的经历，给他写一封富有同情心的信。他在那时经历了什么呢？你会给出怎样的意见、鼓励，或者其他善意、关心、理解的表达？你的朋友可能从他自己身上或生活中学到什么？你的朋友可能会如何成长呢？
- 从一位真正的或想象中的富有同情心的朋友的角度，写一封信给自己。这个朋友了解你——你的优势、弱点、面临过的挑战，并且无条件地爱你，接纳你；他理解人类是不完美的，也知道你的失败并不能定义你。这位朋友会告诉你些什么？会怎样传递情感和支持（例如“我在乎你”“我希望你是完整、快乐的”“你只是一个凡人”）？也许你的朋友非常了解你，以至于他会说“对待自己，你就像一位严厉的父亲。当你真正想要的只是被接受、被爱时，你才能做到最好，如此严厉的自我批评一定让你很辛苦吧。我知道你只是在努力地让自己保持在正轨上并不断提高。友善和鼓励难道不比自我批判更能发挥作用吗？”如果你需要在生活中作出改变，这位富有同情心的朋友可能会怎样尊重地对这些改变提出建议？当你写这封富有同情心的信时，注意你身体的感觉，让自己浸入同情的感受。写完后，把信放在一边。一两天后回来重读这封信，让同情的感受进一步加深。

- 除了尊重你的遭遇，也可问问自己，“在这件令人不安的事件中，或事件发生之后，有什么让我感到欣赏或感激的事情吗？”例如，是否有人保护你、帮助你，或者以某种方式丰富了你的生活？你身上是否有一部分保护了自己免受进一步伤害？你仍然还有朋友、爱，或者希望吗？你可能已经发现自己有能力用更深刻的同情作出回应？
- 你是否在事件中或之后听到了不友好或负面的信息？这件事是否导致你重播了从父母或其他人那里听到的旧的批评信息？你可以用富有同情心的回应替代这样的信息吗？不是“你不够好”“你是个失败者”或者“你为什么这么笨！”，而可以对自己说，“那太难了，我尽力了，下一次我可能会更明智”。当你说这些更友善的话时，可以给自己一个拥抱。
- 确认当下你的头脑、身体和精神的优势和力量。当你表现出优势和力量，例如毅力、智慧、果断，作出明智的决定时，提醒自己不要忽视它们。
- 着眼未来——这些过去的事件在未来将如何指引你的想法和行动？

小结

在这一部分，我们探索了自尊的第二个建构因素（无条件的爱）及其相关的观念与技能。

回顾四个重要观念：

1. 对核心自我的爱是一种健康的感受，也是一种给自己最好祝福的态度，是一种每天都在作的决定。
2. 心理健康和成长依赖于对核心自我的爱。
3. 爱可以通过练习来学习和获得。
4. 我们要为培养对核心自我的爱负责。

回顾学到的技能：

1. 盘点身边的爱与认可。
2. 发现核心自我，爱核心自我，疗愈核心自我。
3. 使用友善的描述与切换频道。
4. 承认和接受积极品质。
5. 培养、巩固与强化对身体的欣赏。
6. 运用“尽管……然而……”的陈述。
7. 用充满爱的眼睛看自己。
8. 用自我同情面对痛苦。

思考三个问题：

1. 有关“无条件的爱”，对我来说最重要的意义是：________________

____

____

2. 我最想记住和使用的技能是：________________

____

____

3. 我还需要做什么练习？有哪些技能是我想要多加练习的？（留出一段你需要练习的时间）________________

____

重建自尊第3步——不断成长

我们的成长从哪起步？

错误的观念认为自我接纳是心理治疗或个人发展的终点，而非起点，以至于咨询变得不那么关心帮助人们走向改变，而更关心帮助人们变得舒适。对于患有绝症的人来说，这可能是一个有效方法，但在个人成长方面，却难以带来成功。

因此，自尊——一个人对自己的现实的、欣赏的看法——建立在自我接纳和成长的结合之上。

成长是一种平静的感觉，让你更接近自己的核心自我。换句话说，成长就是使天生就有的特质得以发展。你深深地为成为自己而感到高兴，因为你知道自己正在成为那个你能成为的最好的人（图10），而且，是以

“你能做的最好的事就是做好你自己。”

图10　做自己

图片使用已获Hank Ketcham Enterprises和North American Syndicate授权。

独属于你的最适合和稳定的节奏成长。

简而言之，成长意味着：

- 发展我们的能力和潜力；
- 逐渐走向卓越；
- 深思人性，理解他人和自我。

成长的三个内涵

成长是自尊的第三块基石，它的内涵包括：

- 行动中的爱
- 变得完整
- 成熟
- 更加……

○ 行动中的爱

我们曾将核心自我比作一颗能量无限、价值永恒的水晶——在认识无条件的人类价值时，我们准确地看到了这一点；在培养无条件的爱时，我们巩固和照亮了核心自我，为成长打好了基础。

成长的过程擦去残留的污垢，并将核心自我抬升到阳光下（图11），在那里它可能会更加闪亮，并被更充分地欣赏。因此，在消除了那些掩盖和污化核心自我的认知偏差以后，接下来的任务是：

- 选择爱和自我成长的行为；

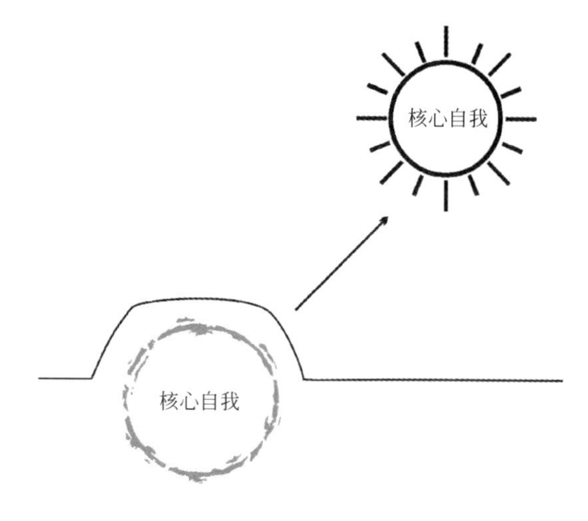

图11　把核心自我带到阳光下

- 抛弃那些没有爱的行为（如药物滥用、过度愤怒、不健康的性行为、睡得太少、吃得过多），因为它们不利于自我成长。

○ 变得完整和成熟

变得完整和快乐是矛盾的吗？完整意味着整合，它强调一个人的行为和价值观之间没有冲突。当我们变得完整时，我们会更平和，并且可以说："一切都很美好。"变得完整开始于决定把整合放在第一位。

尽管有些人认为快乐与变得完整是不相容的，但正如甘地所说，有益健康的快乐是恢复精力的，是必要的；只有削弱意识的快乐才是应该被避免的。从这个意义上说，追求有益身心的快乐与追求完整是一致的。

我们也并非一定要做到"完美"的整合。内心的平静源于竭尽所能。没有人能做到绝对的完美。只要我们能在前进的轨道上尽最大的努力，并朝着我们想要的方向前进，我们仍然可以体验自己的价值。而当结果变成一种可怕的必需品时，成长就不再是乐趣了。例如，如果一个人必须成为一个成功的销售人员，并以此作为价值或幸福的条件，那么他可能会感到被驱使，而不是快乐。再次强调，健康成长是以无条件的价值和爱为前提的，这样我们可以享受成长的过程而不去担心失败，也不用担心结果。对结果的执着和对失败的恐惧都来自同一个根源：有条件的价值和有条件的爱。

成长就像爬楼梯的过程，而不是终点。因此，一个人可以享受进步，而不会因为没有能达到完美而感到沮丧。

○ **更加……**

这个含义来自我最敬爱的老师，他又高又瘦，不算特别帅，甚至有人会说他不好看。但他知道他妈妈爱他，大家也都喜欢他。当他19岁时穿上新得到的第一套西装，配上一件干净的衬衫和一条领带，思考着将如何更好地教书和为他人服务时，他面带喜色，他说“我变得更加英俊了”。

成长的十个原则

1. 我们天生就会发展身体、心智、社交、情感和精神；当我们的能力得到滋养和锻炼时，我们也会这样做——这个滋养就是爱。
2. 发展我们的潜能是爱自己的一种方式；分享是爱他人的一种方式。

3. 成长是无条件的价值和无条件的爱的结果，而不是有条件的兑换。爱为成长提供土壤。如果无条件的价值和爱缺席，即使是成功的事业、良好的表现、多彩的社会生产活动也不会孕育出自尊。因此，无条件的价值和爱可以作为自我发展的先决条件。
4. 成长并不意味着高水平的能力，因为：

   - 研究表明，能力不能预测自尊；
   - 我们通常说的“能力”是一种结果（例如完成、达到、完善）。

   相反，成长是这样一种感知：

   - “我可以”（例如，“我有能力”）；
   - “我在正轨上，并朝着渴望的方向前进”。

   所以成长是一个方向和过程，而不是结果。人们会对进步感觉良好，即使没有达到预期的目标（例如，完美）。
5. 发展我们的能力，不会改变、增加或证明我们的价值（人生来就是有价值的，这种价值是无限的、永恒不变的）。相反，在成长时，我们会表达出价值；会改变对自我的感知；我们带着更多的快乐、欣赏和满足来体验自己；我们更清楚地看到真实的、核心的自我；我们把自己放在阳光下，让核心自我更明亮地闪耀。
6. 随着时间的推移，与朋友相处的美好经历会加固彼此的信任和好感。同样，良好的自我体验能让我们自我修复，也提升我们自我欣赏的能力。
7. 成长是一个持续的过程。花朵会绽放和凋谢，但即使人的身体衰老，核心自我也能继续成长。
8. 成长不是孤立完成的，而是相互依赖地完成的（例如，在他人或环境的帮助下）。

9. 成长包括培养正直（道德行为和品格）和有益健康的快乐（在不损害良知的前提下，重新创造快乐，例如投身艺术、美、爱好、学习、发展才能、服务、清洁美化环境、玩耍、工作和爱）。

10. 人们选择成长或发展是为了更快乐。当我们变得更快乐时，我们倾向于享受生活和欣赏我们自己。

搭起成长的阶梯

接受不完美

成长就像爬山——如果你知道自己准备充分，就会充满自信地向上行进。无条件的价值和爱是成长的坚实基础。当你准备开始享受这个过程的时候，有些人可能会“泼冷水”，提醒你的努力是不够完美的。这时，“尽管如此”技能的用法与前两次略有不同：

尽管我不完美，然而＿＿＿＿＿＿＿＿＿＿＿＿＿＿＿＿＿＿＿＿。

（一些关于成长的陈述）

例如，如果有人告诉你你做不好任何事，你可能会说或会想：尽管我不完美，然而

- 我在成长。
- 我肯定在努力。
- 我正在学习。

- 我在前进的道路上。
- 我在这方面还是新手，还没有找到自己的路。
- 我仍然喜欢尝试。
- 我认为我可以改进。
- 我的价值是无限的，我欣赏我的努力，我和任何人一样有权尝试。
- 我仍然“有用”。
- 我玩得很开心。
- 我正在以其他方式发展。
- 学习它仍然是一项挑战。
- 我今天比昨天更……
- 我仍然坚持并完成它。

你能想到其他你喜欢的描述吗？

练习　尽管……然而……

请一位同伴说出任何出现在头脑中的负面想法，无论真假，例如：

- 连我的青蛙都比你聪明！
- 歌唱？就你？！
- 你怎么连帐户密码都记不住！
- 你永远不会有多大成就！
- 你为什么这么慢？
- 你的个性让我讨厌！

对每一句批评，把你的自我暂且放下，用“尽管我不完美……然而……”的陈述来回应。试着保持你的幽默感并以乐观的态度回应。

练习　接受不完美

1. 在接下来的六天中，每天选择三个有可能损害你的自尊的事件或情景。
2. 针对每一个事件或情景，用“尽管我不完美……然而……”的陈述回应。然后，在下面的表格中描述事件或情景、你使用的语句以及这句话对你的感受的影响。保持书面的记录可以巩固这种技能。

日期	事件/情景	使用的陈述	影响
	1. 2. 3.		
	1. 2. 3.		
	1. 2. 3.		
	1. 2. 3.		
	1. 2. 3.		

梳理现状和目标

评估自己的性格

自尊练习并不是积极地告诉自己你有多么美好和完美，并希望自己因此而变得美好和完美。这种想法在情感上是不成熟的，也会带来压力，因为它没有现实基础。有健康自尊的人不需要给自己打气；相反，他们有足够的安全感来准确地评估自己的优点和缺点。成长始于诚实地承认自己目前的发展水平。当真正地尊重核心自我的时候，这个过程可以是自我肯定和乐观的。

当杂货商清点货架时，他只是数一数货架上有什么，没有什么——不作判断，只是计数。当我们盘点自己的个性时，我们也只是记数，而不去评判核心自我。本着这种精神，请在下面勾选出你在一定程度上会（即不要求完美地）表现出的品质：

□正直　　□有同情心

□爱　　□美德

□有知识　　□耐心

□仁慈　　□谦卑或愿意承认错误

□尊重他人　　□尊重自己

□诚实　　□乐于助人

□支持性　　□喜爱

- ☐体贴
- ☐接纳多样性
- ☐信任
- ☐道德感强
- ☐有责任感
- ☐关心名誉
- ☐宽容大度
- ☐友好
- ☐后悔或适当的悲伤
- ☐希望或乐观
- ☐节俭
- ☐无私或服务他人
- ☐分享
- ☐亲切/彬彬有礼
- ☐礼貌
- ☐感恩
- ☐欣赏
- ☐可靠或信守诺言

如果上面列出的品质得到更充分的发展会促进你的成长或幸福，请把它圈出来。

上面的活动被称为有关爱、无畏、探索、诚实的道德清单。爱能驱除恐惧，让我们承认现在所处的位置。当一个人消极地判断自己的核心自我时，恐惧就会产生——还有什么会比得出“我的核心是坏的”这样的结论更可怕？“坏”这个标签是不合理的，因为这意味着一个人完全是坏的，而且总是坏的。更贴切的观点是人的核心自我是无限的、有价值的，但有时并不完美——我们诚实地寻找和识别优点和缺点，并认为符合人类长远的、最大利益的事是道德的，反之是不道德的。

该清单改编自心理学家阿诺德·拉扎鲁斯（Arnold Lazarus，1984）的多模态研究方法，遵循BASIC MID模式（BASIC MID pattern），假设人们从八个方面表现出优势和弱点，每个方面的首字母组成BASIC MID，包括行为（behavior）、情感（affect）、感觉（sensations）、意象（imagery）、认知（cognitions）、道德（moral）、人际关系（interpersonal）、药物/生物（drugs/biology）。把优势和弱点放在一起，有助于正确看待我们的弱点，也就是说，我们将薄弱区域视为可以被加强和发展的不完美的地方——它们不代表整个核心自我。记住，承认现实可以帮你澄清方向和目标。

在后面的练习中，你将从以下八个方面对自己的生活作评估。

1. **行为** 包括你所做的事情，你的习惯、手势或反应。优势可能包括准时、愉快的表情、整洁、安排娱乐时间、稳重、讲话有分寸、衣着漂亮、仪表良好或完成工作中的任务。弱点可能包括避免或回避挑战、拖延、皱眉、做鬼脸、挫败感、混乱、控制欲强、大喊大叫、置之不理、强迫性行为、不耐烦或危险驾驶行为。
2. **情感** 指你所体验的感受。优势包括乐观、平和、欣赏自我、满足感、快乐或平静。问题可能包括慢性抑郁、焦虑、愤怒、担忧、恐惧、内疚或自我厌恶。
3. **感觉** 指人的五感。优势包括享受触觉、味觉、嗅觉、听觉和视觉。问题或症状表现可能是慢性头痛、紧张、恶心、头晕、胃部不适，或只看到环境中消极的部分而不是美。
4. **意象** 指在你脑海中出现的场景。优势可能是想象一段愉快的未来假期、做一段愉快的梦，或体验当看到自己的倒影时愉快的感觉。消极的部分可能包括做噩梦、看到自己失败、错误的自我形象，或者专注于镜子里消极的自我。

5. **认知** 处理我们的想法的方式。优势表现为现实的乐观主义（即不是每件事都是完美的，但是会找到一些可以享受的，可以从中获得成长的，或者可以改进的东西）、认知技能（比如“尽管如此”技能或认知训练）。问题是存在歪曲的认知。
6. **道德** 指人的性格和行为。优势包括前面列出的所有品质。弱点则是与之相反。
7. **人际关系** 描述了关系的质量。优势包括拥有良好的亲密关系，优先考虑家人和朋友的感受，交际广泛（而不仅仅限于同事间的交际），等等。缺点包括没有朋友、有攻击性（例如骂人、暴力或讽刺）、不断地从让你失望的人身边消失，或者不自信（例如允许自己被利用）。
8. **药物/生物** 指目前的健康习惯，反映出人的自尊感，因此优势包括充分休息和放松、有规律的运动和适当的营养。吃垃圾食品、长期使用镇静剂或安眠药、吸烟或药物滥用通常反映出对自己和健康的漠视。

练习 完成道德清单

1. 在BASIC MID表格的八个区域中，列出你现在的优势或你生活中目前进展良好的项目。
2. 你现在生活中有哪些问题？什么让你不满意？在“目前的弱点（症状/问题）”下分别基于BASIC MID中的每一个方面来描述。
3. 如果你发展目前生活中的薄弱环节所在的这些领域，你的生活将有何不同？从这八个方面来描述。例如，如果我不那么焦虑，我看到的或听到的会有什么不同？关系会有什么不一样？

4. 在BASIC MID的每个领域下指出你可以做些什么来改变或成长。请注意，你提出的可能性是为了增强实力和发展目前较弱的部分。这需要创造性思维。好的方法很多很多，就像一块脆弱的肌肉可以通过各种各样的练习来得到锻炼。例如，为了改善健康习惯，可以阅读这个主题的书籍、加入健康俱乐部、聘请营养师，或发起步行计划；为了减少焦虑症状，可以学会控制呼吸和放松肌肉，或者向心理健康专家寻求帮助；可以通过消除认知歪曲、恢复自尊、运用治疗技术、学会宽恕来减少过度的愤怒；可以通过努力来实现成长和发展。认识到什么时候需要帮助，并发现这种帮助是健康自尊的标志。
5. 从第4步中选择一个条目，它让你有理由相信自己会在这个过程中取得进步并获得快乐和满足。用一个星期的时间，努力在这方面取得进展。
6. 每月都回来看看，并考虑建立新的目标。

在完成这项练习的过程中，可能出现一些有趣的认识。例如，酗酒问题是道德问题吗？如果你认为这是一种成瘾行为而拒绝评价上瘾之人的核心自我，那么它就不是；如果你认为这种行为会对个人及其家庭有负面影响，那么它就是——那么酗酒应被归为“药物/生物”还是“道德”？在我看来，这不是一个关键问题。这份清单的目的是帮助你提高对影响生活的相关方面的认识，不管是好是坏。因为这八个方面可能有重叠，优势和弱点具体出现在哪一个方面并不重要，重要的是承认它们，并且拒绝评判或谴责核心自我。

花点时间完成这份清单。你可能希望在三天内完成它，以便有时间休息和沉思。

BASIC MID清单

	行为	情感	感觉	意象	认知	道德（性格和行为）	人际关系	药物/生物
现有优势								
目前的弱点（症状/问题）								
如果我发展了薄弱领域，我的生活会有什么不同?								
我能做些什么来改变/成长?								

成长并非是一蹴而就的，不必因没有明显的进步而感到失望，个性的演变是一个持续的过程。

盘点自己欣赏的品质

布偶的创造者吉姆·汉森（Jim Henson）因其孩童般的品质而广受赞赏。孩子们往往：

- 善于发现、思考，有好奇心
- 脆弱
- 温暖
- 富有同情心
- 有欣赏力
- 热情
- 反应灵敏
- 有趣
- 容易信任
- 有能力去学习、生活、成长、想象、幻想、梦想、实验、探索、开放思想、爱、努力、玩耍、思考（Montegu，1988）。

虽然生命的风暴可能减弱这些品质的火焰，但是它们的余烬永远不会完全熄灭。成熟之美在于获得智慧和情感上的安全感来再次培养起这些品质。而下面的特征常出现在老年人身上，并让他们看起来很有吸引力。有人可能会说，这些特征适用于所有年龄段的人，包括你。如果你同意某个特质会增加一个人的吸引力或者感染力，就在它旁边打钩：

☐快活

☐泰然自若

☐懂世故

☐能享受乐趣（享受食物、自然，等等）

☐对所有人都感兴趣

☐热爱生活

☐乐观（不批评他人或自己）

☐健康和活力（适应能力强、讲卫生）

☐不屈服（从错误中学习而不为之烦恼）

☐有弱点（能感觉到并接受自己的错误）

☐作为一个个体与他人建立关系（能关注、微笑、交谈、表示感谢）

☐友好

☐慷慨

☐关注的是有益的品质，而不是缺点

☐有趣（会找乐趣，是有趣的，有时会开玩笑）

☐既表现出男性特质也表现出女性特质（灵活的）

☐享受和异性以及同性的友谊（把个人看作一个整体和复杂的整体）

你还能想其他相关的特质吗？它们是什么？____________________

____

____

如果你要选择四个自己可能想要发展的特质——是为了你自己，只是为了有趣，它们会是什么？____________________

____

____

练习　定个小目标

请记录你对以下问题的回答。有不完美的地方并不羞耻。然而，请注意用积极的情绪基调面对问题——实事求是地承认现实，同时也注意到其发展性。

1.你喜欢自己的哪些个性？（承认自己的强项是一种爱自己的方式。）

2.回答“你想改进什么？”这个问题，并且使用以下格式回答：

我有时候确实________________，
（描述行为）

所以我想变得更加________________。
（描述品质）

练习宽恕

特兰从小在寄养家庭受到严重的虐待，十几岁的时候，他告诉虐待他的人，自己已经原谅了他，并为他祝福。回顾生命中那段困境时期，特兰反思道：“宽恕就是用爱来取代愤怒。宽恕让我得以继续我的生活。”

真正的宽恕者是智慧和勇敢的人。罗伯特·D.恩赖特（Robert D. Enright）的研究发现，不断练习宽恕可以改善心理健康，包括提高自尊和心脏功能。甚至在宽恕方面相当小的进步也会导致心理上实质性的改善。

什么是宽恕?

恩赖特将宽恕定义为“一个由你自由选择的过程，在这个过程中你愿意通过一些艰苦的工作来减少怨恨，对伤害你的人给予某种善意”（2012，49）。让我们来看看这个定义的一些关键元素：

- **过程** 宽恕严重的罪行通常不会来得很快、很容易，或立即就原谅。
- **选择** 没有人能强迫我们原谅。当我们准备好的时候，我们就会原谅。选择原谅并不取决于犯罪者是否道歉，是否值得原谅或是否改变。这个选择只与我们决定如何回应过去有关。
- **怨恨** 这是一种原始的愤怒的感觉。当我们宽恕时，我们就选择了释放痛苦和报复的意图，这样我们就能从束缚我们的沉重过去，和使我们现在的生活更糟糕的负担中摆脱出来。
- **仁慈地对待冒犯者** 释放对冒犯者的恶意、批判和复仇是治疗的起点，表示出对冒犯者的同情会更有效。也许我们要从避开或容忍冒犯者开始，拒绝说他的坏话，或者不伤害他。久而久之，在必要的治疗之后，我们也许会培养起对冒犯者的善意的想法。我们记得每个人都是不完美的，都会受苦受难，冒犯者的伤害行为必然会降低他的幸福感。我们选择用爱和尊重回应他，不管他的行为如何——甚至我们不喜欢这些行为。也许微笑可以代替愤怒或冷漠，也许我们最终会祝福那个人，或者主动地去帮助他。

宽恕并不是：

- **轻视伤害或忽视你的愤怒** 过快地忽略伤痛或轻快地给予宽恕会

阻碍你治愈的尝试。只有承认痛苦并用同情之心触碰它，才能被治愈。

- **信任或与冒犯者和解**　重建受损的关系需要时间和信任。冒犯者可能不值得你信任。不管和解与否，我们都可以宽恕。
- **容忍不好的行为或允许它继续下去**　有时爱的过程是把冒犯者绳之以法以防止他重复自毁或做出对他人有害的行为。但是，这可以通过坚定的关心，而不是痛苦来实现。
- **忘记**　我们只是改变对过去的反应。我们希望别人如何对待我们，就如何对待别人，无论别人如何对待我们。即使冒犯者不尊重我们，我们也会尊重他们。

去爱冒犯者会让你联结到最好的自己——你真实的、有爱心的本性。当你放下让你与过去纠缠的怨恨枷锁时，被愤怒关闭的心会重新打开。宽恕作为一份善意的礼物，能让下面三方都感觉良好：

1. **冒犯者**　宽恕使人意识到冒犯者本人的价值远比他的行为更深远。以爱和尊重对待冒犯者，即使这不会立即被感激，但有时能软化他的心，激励他成为最好的自己。想要鼓舞所有的人，甚至那些行为不端的人，是成长的重要方面。
2. **自我**　即使冒犯者不接受宽恕，你也可以从宽恕的行为中受益。你会更少地怨恨和愤世嫉俗，得到更多的幸福。也许选择把爱放在心里会让你感觉更完整（Salzberg，1995），更像自己原来的样子；也许你会睡得更安稳，更能够充分地生活在当下；也许通过审视你和冒犯者共有的人性，你会对自己更富有同情心；也许你会发现，冒犯者不再控制你的生活——只有你自己才能掌控自己！宽恕作为目标不仅仅是改变对单独某个冒犯者的反应，而是成为更宽容、更有爱心的人——这都是成长的重要方面。

3. **其他人** 被压抑的愤怒往往会传递给其他人，包括家人成员——有时会世世代代传递下去——直到我们学会宽恕。练习宽恕可以帮助我们减少批评、不耐烦和评判别人。这种做法可以帮助我们更积极地体验自我和他人。

如何宽恕？

首先，要考虑是否需要宽恕，以及什么样的冒犯需要被宽恕。请在下列与你的情况相符的描述前打钩：

□让淤积的或过度的愤怒（对生活、家庭、权威人物、那些让你想起冒犯者的人，等等）不合理地爆发，或发泄到他人身上；

□感到被伤害或背叛，把生活境遇归咎于过去；

□怀恨在心，沉迷于或考虑要报复或伤害冒犯者，感到愤怒；

□坏情绪（愤世嫉俗、沮丧、消极、悲观、批判、不信任、不快乐、防御性强）；

□抱怨（生活并不公平，没有什么是好的）；

□讽刺；

□内疚（因为你做过或没能做的事，因为无法释怀，或者因为怀有恶意）；

□焦虑、恐惧；

□疲劳、紧张；

□梦到冒犯者；

☐感到没有价值，低自尊；

☐回避人群，以避免进一步受伤，或生闷气；

☐通过镇静剂（酒精、购物、赌博、危险行为、过度睡眠）处理疼痛；

☐对批评过度敏感。

列出过错行为和犯错者（例如父母、孩子、亲戚、朋友、合作伙伴、老师、同事、权威人士、宗教团体、邻居）。错误可能包括以下内容：

收回的爱——忽视、遗弃、死亡、不忠________________

____

情感、身体或性虐待________________________

____

无意的伤害____________________________

____

批评、不耐烦、责备、被呵斥或责骂________________

____

羞辱或尴尬____________________________

____

偏见________________________________

____

生活中的不公平__________________________

____

其他________________________________

____

下面介绍两种有效的宽恕方法：宽恕日记练习以及正念练习。

练习　宽恕日记

我们无法治愈未被意识到的创伤。可以先从写出一个伤害开始，不加评判地写下来只是为了获得理解并表达感受，这样你就可以从那些伤害中走出来。请试着写出：

- **发生的事实**　伤害你的人是谁？他是故意的吗？
- **犯罪行为对你生活的影响**　以一种接受的态度，承认由此产生的感觉（愤怒、羞耻、麻木等），承认因此失去纯真或面临其他丧失，承认对人和世界的看法发生改变，承认身体的感觉或疾病，等等。
- **与早期创伤的联系**　这种伤害是否让你想起以前被伤害的体验，并可能引发了类似的感觉或结果？
- **"敌人"的情况**　亨利·沃兹沃斯·朗费罗（Henry Wadsuorth Longfellow）写道："假如我们能读到敌人的秘密历史，就会发现每个人的生活中都充满了悲伤和痛苦，这足以消除我们所有的敌意。"每个人的生活中都有痛苦。也许伤害你的人的痛苦比你想象的更糟；也许他在犯错的那个时刻正在体会曾经的伤害或不安全感；也许他背负着艰难过去的创伤；也许别人曾经对他的痛苦视而不见……

  我们可以考虑这些问题（Neff，2011）："是什么让他们失去了与内心的联系？是什么创伤导致这么冷酷无情的行为？他们的故事是什么？"也不妨写下这些内容：犯错的人现在可能比你想象的更糟吗？体会到幸福的人，快乐且心智健全的人是不会故意伤害别人的，害人终会害己，他会因为伤害你或其他人而遭受怎样的痛苦呢（例如，得不到别人的信任或让别人感到厌恶，担心受惩罚，被贬低自尊）？为什么犯错的人虽然行为不端，但仍是有价值的？

- **你可能扮演的角色** 你当时的反应是否加剧了对方的错误行为？你是否需要对你做过或没有做过的事释怀，还是要坚持自己的论断和愤怒？你需要原谅自己吗？（宽恕自己的原则和宽恕别人是一样的。）
- **承诺去宽恕** 当你意识到怨恨是行不通的，你决定尝试一种不同的方法，开始艰难的宽恕过程。你决定释放怨恨，这样你和周围的人就会少受痛苦。你承认犯错的人（包括你自己）是不完美的，这样你就可以从必须惩罚所有错误行为的警察角色中解脱出来。不论多么不完美，你都尝试以善良对待不公平。你会全身心投入工作，这样才能减轻长期以来的负担。至少你可以确定现在要做什么和不做什么。（例如“我可以尽我所能，减少对犯错者的愤怒。我会说一些关于他的好话；我会提醒自己他的内在价值比他的行为更深刻、更伟大。他和我有同等的价值。我希望他快乐并为他的幸福感到高兴”。）

  你可以提醒自己，即使你被羞辱了，你的核心价值也没有改变！在承受痛苦时不采取报复而是传递爱，就是给世界一份爱的礼物（Enright，2012），就像甘地、马丁·路德·金和特雷莎修女那样。这个礼物需要非凡的爱——特别是对自己的，意识到你的价值没有改变，而对于犯错者来说，意识到作为一个人，他有着比他的行为更重要的东西。这需要强大的力量和勇气，并树立可以激励他人的榜样（例如我们的孩子）。如果在宽恕过程中产生强烈的消极情绪（例如，“我要扭他的脖子！”），不要气馁，只要尽你所能试着对伤害你的人表示善意就可以了。留出时间让你的感觉逐渐转变。
- **这一错误可能产生的好处** 你是不是发现自己足够强大，可以承受伤害而不去报复？你是否更加意识到你需要原谅自己，善待自己和犯错误的人？你是否对易犯错误的人更有同情心？你是否获得了新的治愈方法和修补关系的方法？

练习　宽恕正念

每天练习这个方法（Salzberg，1995）有助于用好心情取代糟糕的情绪。

1. **坐得舒服些**　闭上眼睛，腹式呼吸。留一些时间来思考，而不是匆忙地进入练习。
2. **请求别人的原谅**　默念或大声地念出来："如果我伤害了任何人，无论是有意还是无意，我请求他们的原谅。"当不同的人、图像或场景浮现在意识中，你可以释放负罪感并且重复一遍："我请求你的原谅。"
3. **宽恕他人**　默念或大声地念出来："如果有人伤害了我，无论是有意还是无意，我都会原谅他们。"无论你脑海中出现什么画面，重复默念"我会原谅你"。
4. **宽恕自己**　反思你做过的任何伤害自己或其他人的事、任何没有爱的行为（包括无法原谅）。默念或大声念出来："不管我是有意还是无意地伤害了自己，我都会选择宽恕。"

思考这个问题：请求和体验宽恕是什么感觉？宽恕别人是什么感觉？经常练习宽恕会对你有什么好处？稍后，在写日记时，你可能会进一步探讨这些问题，以及以下内容：

- 写下痛苦有没有以任何形式导致它的改变？
- 与逃避痛苦或寻求报复相比，宽恕是否会带来更大的内心力量、信心以及摆脱过去的自由和快乐？
- 你是否比你想象的更能处理内心的痛苦？

注意事项

1. 记住，你不是必须宽恕。在你还没准备好之前就宽恕别人也许是不明智的选择。你可能会想，我希望宽恕你，并且最终会宽恕你，但是现在我还没准备好；你可能首先需要一些时间和疗愈。
2. 宽恕可能是一个进两步退一步的过程。如果感到愤怒重新出现，这不会使你的进步无效，请继续努力。
3. 仔细考虑与犯罪者见面是否对你最有利。犯罪者可能缺乏生理上的准备或缺乏情感上的成熟来倾听并尊重你的痛苦。在这种情况下，你可以简单地写出你的想法和感觉，而不去和犯罪者分享。

如果造成伤痛的是我们自己

请求原谅——勇敢地承认错误并努力抚慰他人的伤痛——是一种有力量、谦卑和善良的行为。你可以试着在日记中表达善意的接纳，不去评判你所造成的伤害（Pennebaker & Evans，2014）：

- 承认你的角色——你做得不完美的地方。
- 仔细回忆关于攻击别人的做法——在这之前、期间和之后的想法和感受。
- 考虑对方在这之前、期间和之后的感受和想法。考虑对当事人、他的家人和朋友的影响。想想如果同样的事发生在你身上，你会感觉怎样。如果可以，表达你的悲伤。

- 道歉可以疗伤。写一封道歉信，可以使用类似下面的语句（Enright，2001）：“我很抱歉伤害了你。请原谅我。”“我无意伤害你。”“我能做些什么来补偿你吗？”“我错了。对不起。请原谅我。”
- 探索什么可以帮助你补偿那些被你伤害的人。

正如特兰所说，宽恕就是用爱代替仇恨。我们宽恕是因为爱是我们的核心本质。宽恕显示出独立于他人行为之外的内在力量；它是即使人们不尊重我们，我们也会做出的选择。不宽恕会通过持续的仇恨伤害我们自己和其他人，对爱关闭心门，把愤怒蔓延到其他人那里。

宽恕有助于治愈和敞开心扉，使我们能够再次成为真正的自己。在宽恕的过程中，我们把别人看作是受伤的，就像我们曾经那样，用同情来回应痛苦。因此，我们是在回应真正的最好的自己。宽恕意味着，“我还在这里，还站着，仍然充满爱，拒绝被你的行为贬低”。

当我们犯错时，宽恕意味着，“我原谅自己，因为我知道我的错误只是我的一部分；我相信善意比自责更能让我进步”。

享受闲暇和快乐

2014年盖洛普调查公司发现，美国成年人一般每周工作47小时，几乎没有闲暇时间，这让他们倾向于放弃休闲活动（Lewinsohn et al.，

1986）。由于压力大、缺乏快乐，他们的情绪会变得低落——越抑郁，自尊越会被侵蚀，越不可能相信休闲活动曾带来过快乐。因此，他们无法参与那些能够提升情绪、重建自尊的令人开心的活动。

在没有闲暇时间的情况下，你很难不用工作或薪水来定义自己。哈佛大学经济学家朱丽叶·斯格尔（Juliet Schor，1991）的研究发现，在英国的一家工厂因为经济困难被迫放弃让工人加班后，工人的身体和心理健康程度都得到了恢复。当周末和假日的时间充裕时，友情得到发展，生活的意义变得更清晰明了。金钱的魅力没有那么强烈了。即使是那些有家人需要照顾的人也喜欢这种新的安排，很少出现例外。

所以我们提出这样一个观点：在生活中寻找快乐是成年人需要学习、再学习和强化的技能。这种技能帮助我们以各种愉快的方式体验自我，从而保持情绪平衡，提高自尊。这并不意味着人们不能或不应该在工作中找到乐趣，只是目前的文化中有一种倾向：狭隘地用工作来定义一个人。接下来的活动（Peter Lewinsohn，1986）将帮助你发现，或者重新发现，什么对你来说是愉快的，然后制定计划去做这些事情。

练习　安排愉快的活动

下面的表格列出了各种各样的活动。在第1列中，勾选你在过去喜欢的那些活动，然后在对号旁边用1到10为每个项目的愉快程度打分——1分表示没有什么乐趣，10分表示非常享受。例如，如果你比较喜欢和快乐的人在一起但不喜欢和朋友或亲戚在一起，你的前两列看起来是这样的：

__✓（5）__ ______ 1. 与快乐的人在一起

______ ______ 2. 与朋友或亲戚在一起

愉快活动列表

社会交往是与他人发生联系。他们往往让我们觉得被接受、被欣赏、被喜欢、被理解，等等。（你可能觉得下面的某个活动属于另一个组。请记住，分组并不重要。）

第1列　第2列

______ ______ 1. 与快乐的人在一起

______ ______ 2. 与朋友或亲戚在一起

______ ______ 3. 想着我喜欢的人

______ ______ 4. 与我所关心的人一起计划一项活动

______ ______ 5. 认识一位新的同性

______ ______ 6. 认识一位新的异性

______ ______ 7. 去俱乐部、餐馆或酒馆

______ ______ 8. 参加庆祝活动（如生日、婚礼、洗礼、聚会、家庭聚会）

______ ______ 9. 与朋友共进午餐或喝一杯

______ ______ 10. 开诚布公地谈论（例如谈论我的希望、我的恐惧、什么让我感兴趣、什么让我笑、什么让我难过）

______ ______ 11. 表达真正的感情（用言语或身体语言）

______ ______ 12. 对他人表现出兴趣

_______ _______13. 注意到家人和朋友的成功和优点

_______ _______14. 约会和求爱

_______ _______15. 愉悦地谈话

_______ _______16. 邀请朋友来玩

_______ _______17. 拜访朋友

_______ _______18. 给喜欢的人打电话

_______ _______19. 道歉

_______ _______20. 对人微笑

_______ _______21. 冷静地与和我一起生活的人讨论问题

_______ _______22. 给予祝贺、回敬和赞美

_______ _______23. 戏弄和开玩笑

_______ _______24. 逗人开心或使人发笑

_______ _______25. 和孩子们一起玩

_______ _______26. 其他：____________________

使你感到有能力、有爱、有用、强壮或胜任的活动。

第1列　　第2列

_______ _______1. 开始一项有挑战性的工作或把它做好

_______ _______2. 学习一些新的东西（例如家具维修、一个爱好、一门外语）

_______ _______3. 帮助某人（咨询、建议、倾听）

_______ _______4. 为宗教、慈善或其他团体作贡献

_______ _______5. 熟练驾驶

_______ _______6.（大声或书面地）清楚地表达自己

_______ _______7. 修理某物（如缝纫、修理汽车或自行车）

_______ _______8. 解决问题或难题

_______ _______9. 锻炼

_______ _______10. 思考

_______ _______11. 参加会议（大会、商务活动、公民活动）

_______ _______12. 探望生病的、返乡的或烦恼的人

_______ _______13. 给孩子讲故事

_______ _______14. 写卡片、便条或信

_______ _______15. 改善我的外表（寻求医疗帮助、改善饮食、去找理发师或美容师）

_______ _______16. 计划和预算时间

_______ _______17. 做义工、社区服务或其他善举

_______ _______18. 做预算

_______ _______19. 抗议不公、保护他人、阻止欺诈或虐待

_______ _______20. 做诚实的、道德的或正直的事

_______ _______21. 改正错误

_______ _______22. 组织聚会

_______ _______23. 其他：_______________

本质上令人愉快的活动。

第1列　　第2列

_______ _______1. 笑

_______ _______2. 放轻松，享受平和安静

_______ _______3. 美餐一顿

_______ _______4. 一项爱好

_______ _______5. 听好听的音乐

_______ _______6. 欣赏美景

_______ _______7. 早睡、早醒、睡得很香

________ ________8. 穿漂亮的衣服
________ ________9. 穿舒适的衣服
________ ________10. 去参加音乐会、歌剧、芭蕾舞或戏剧
________ ________11. 运动
________ ________12. 旅行或度假
________ ________13. 购物或买我自己喜欢的东西
________ ________14. 户外活动
________ ________15. 艺术创作
________ ________16. 阅读圣经或其他宗教作品
________ ________17. 美化我的家
________ ________18. 去看体育比赛
________ ________19. 阅读
________ ________20. 听讲座
________ ________21. 开车兜风
________ ________22. 晒太阳
________ ________23. 参观博物馆
________ ________24. 演奏或演唱乐曲
________ ________25. 划船
________ ________26. 取悦家人、朋友或雇主
________ ________27. 想想美好的未来
________ ________28. 看电视
________ ________29. 野营或狩猎
________ ________30. 打扮自己
________ ________31. 写日记
________ ________32. 骑单车、徒步旅行或散步
________ ________33. 与动物在一起

________ ________34. 观察某人

________ ________35. 打个盹儿

________ ________36. 听大自然的声音

________ ________37. 背部按摩

________ ________38. 观看风暴、雨、云彩或天空

________ ________39. 有空闲时间

________ ________40. 做白日梦

________ ________41. 祈祷或礼拜

________ ________42. 闻闻花香

________ ________43. 谈论旧时光或特殊的兴趣

________ ________44. 去拍卖会

________ ________45. 旅游

________ ________46. 其他：__________________________

- 如果你在过去30天内做过该活动，请在第2列打钩。
- 圈出你可能会喜欢做的事情的编号。
- 比较第一列和第二列。注意一下，是否有很多事是你在过去喜欢，但现在不常做的。
- 利用已完成的愉快活动列表来寻找灵感，列出25个你觉得你最喜欢做的事情。
- 制定计划去做更多愉快的活动。从最简单的、你最喜欢的开始。尽可能多地做愉快的事情，试着每天至少做一个，也许周末能做更多。把你的计划写在日历上，并至少用两周时间来执行这个计划。每次做出一项活动，都用1到5来给快乐打分（5是非常愉快的）。这样做可以挑战由压力引起的认知歪曲（即没有什么是令人愉快的），也可以帮助我们以后用其他活动取代不太愉快的活动。

请注意：如果你情绪低落，通常会发现你以前最喜欢的活动现在是最难享受其中的，尤其是如果你已在情绪非常低落的时候尝试过却不能享受这些活动。你可能会说，“我甚至不能享受我最喜欢的活动了”，这会让你更加沮丧。随着忧郁的消除，这些活动将再次变得令人愉快。现在，从其他简单的活动开始。随着心情好转，逐渐尝试你以前最喜欢的活动。下面是关于快乐的几点建议：

- 进入现实世界。少注意自己的想法。例如当你洗车的时候，可以多感受一下风，或者肥皂泡的感觉。多看、多听。
- 在做一件事之前，让自己好好享受。找出你会喜欢的三件事，比如“我要享受阳光，我要享受微风，我会喜欢和我的兄弟威尔交谈”。保持放松，想象当你重复每一句话时，都在享受那件事。
- 扪心自问：“我会做些什么，来让活动变得愉快？”
- 如果你担心自己可能不会享受将要尝试的活动，就把它们分成几个步骤。从小事做起，这样你才能在达到目标时感到满足。例如，如果你想打扫整个房子，开始只打扫十分钟，然后停下来，奖励自己说“做得好！”，以此来鼓励自己。
- 检查你的日程安排是否平衡。你能否从“需要做的事”中挪出一部分空间给“想要做的事”？
- 时间有限，所以要明智地使用它。不必因“方便”去做你不喜欢的活动。

让生活有价值的小事

马克·帕廷金（Mark Patinkin）

我最近在一篇专栏中写了一些让我抓狂的小事，比如个性车牌、极瘦的狗狗、电影院里黏糊糊的地板。后来，一些不那么愤世嫉俗的人敦促我也同样花些时间写一写生活中那些有价值的小事。因此今天列出第二个清单：

- 秋天树叶燃烧的味道。
- 在你快要冻僵时洗个热水澡。
- 送上门的披萨。
- 在拥挤的超市中，你第一个注意到收银员在解锁新的收银台。
- 自动制冰机。
- 售后客服说："没问题，这在保修期内。"
- 裹上厚绒布毛巾浴袍。
- 当你走进棒球场时，闻到混合着新割青草和爆米花的味道。
- 狗狗感知到你的悲伤，并且过来安慰你。
- 客房服务。
- 在春天的那两个星期里，即使是单调的灌木，也都是五颜六色的。
- 安逸的周末。
- 加热泳池。
- 畅通无阻地行驶在高速公路上，而对面的车道拥堵了10公里。
- 硬球与木棒撞击的噼啪声。

- 阳光明媚的动物园。
- 满月落在地平线上，看起来有餐盘那么大。
- 距离餐厅门仅4步远的停车位。
- 查看日程表，发现接下来的五个晚上都没有任何安排。
- 大雁在头顶飞翔，呈现完美的“V”字形。
- 躺在乡间的草地上，凝视着你见过的最亮的星星。
- 微波炉爆米花。
- 你的经济舱座位被升级成头等舱。
- 血红色的秋叶。
- 在炎热的天气里有凉爽的微风。
- 你的行李箱第一个出现在机场行李传送带上。

为面对挫折作准备

不管一个人的自尊心如何“安全”，它仍然有可能被明显的“失败”或不幸的事件“吹走”。因此，必须发展出克服“失败”的技能，这样才能在不可避免的人生风暴中，保持自尊的强大和安全。在某些方面，下面的失败预防针练习是对之前所学技能的回顾。首先，我们先评估一下你所理解的“失败”是什么。

1. 人们在哪些事情上失败？以下是一些可能的答案：

- 工作
- 婚姻

- 养育子女
- 学校
- 达到理想体重
- 戒烟
- 保持道德标准
- 保留娱乐时间
- 实现目标

2. “失败”是什么意思？以下是一些可能的答案：

- 没有人爱我
- 拒绝
- 我不好
- 失去自尊
- 我是普通人

3. 是什么帮助你在“失败”之前、期间和之后应对“失败”？以下是一些可能的答案：

- 倾诉出来
- 允许自己失败
- 原谅自己
- 意识到几年后这将变得无关紧要
- 改变目标。

你是否意识到，人们如何看待失败以及在应对失败方面的能力存在很大差异？

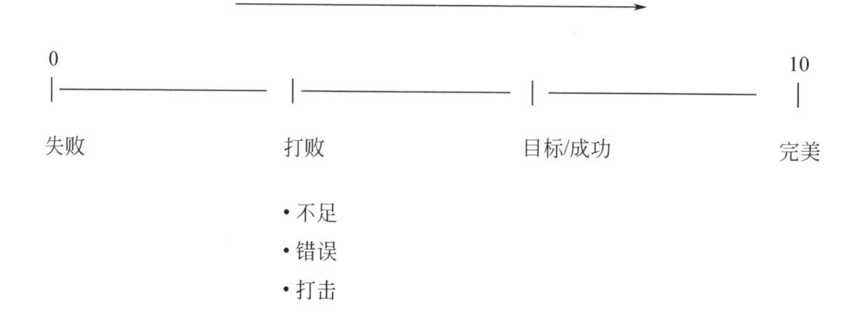

图12　接近完美的过程

“完美”是指完成且没有缺陷或瑕疵。由于人类容易犯错，我们只能接近完美（图12）。“目标”或“成功”是指获得我们想要的东西，不论是为了幸福、舒适还是成长。人类总是在不断变得更完美的过程中，除了某些可量化的努力外，目标通常不能被完美地实现，因此“目标”或“成功”被置于“完美”的左侧。无论一个人的表现有多好，都可以理想地进行改进。“完善”是指使自己更加接近完美。它可能发生在一个人尝试达成目标时或实现了目标之后。

当人们想说“我没有达到目标”“我达不到目标”或“我犯了一个错误”时，可能会不准确地表达为“我是失败者”（意思是“我总是并且在各个方面都失败了”），但失败与被打败有很大的区别——失败是当你被打败时，从不总结任何东西，也没有任何贡献。

与其使用“失败”这个标签来指代不幸的事件、行为或错误，我更喜欢使用“打击”这个词——它听起来没有“失败”那么严重，也没有那么持久，它指的是外在的，而不是内在的。

在进行练习之前，还有一个概念值得重申。研究证明，男性在二十多岁时持悲观的思维方式，预示他们四五十岁的时候身体会很差（Peterson，Seligman，& Vaillant，1988）。当不幸的事情发生时，悲观的人倾向于完全责怪自己，相信他们永远不会改善，并相信不幸会蔓延到生活的所有领域。例如，当数学考试不及格时，悲观主义者可能会想，“这就是我，我是个失败者。我总是搞砸数学考试。当事情真的很重要的时候，我就是不走运”；而乐观主义者——积极的想法会使他们多年后身体健康状况更好——可能会想，“我那天身体不舒服。这只是一次考砸了，这不会毁了我的生活”。类似的思维方式将经历挫折后重蹈覆辙的人与从挫折中复原的人区分开。

通过此类研究，我们可以形成处理挫折的某些准则：

1. 承认错误。不要否认责任，相反，要集中精力采取补救措施，也就是确定你需要做什么。
2. 重新定义事件。不要谴责自我，这样会削弱自尊，侵蚀动力，而要多注重外部因素。例如与其思考“我怎么了？”（答案很简单：我们是不完美的！）不如关注外部因素（疲劳、准备不完善、经验太少，等等）；与其认为某件事完全失败了，不如提醒自己还有其他机会。在经历“失败”之后，问自己以下问题：
    - 有某些事情进展顺利吗？
    - 没有得到我想要的东西，有什么好处？
    - 我可以从中学到什么应对技能？
    - 是否有迹象表明危机迫在眉睫，而我对此置之不理？
    - 如果类似事件再次发生，我该做些什么才能提前注意到这些迹象？

练习　给失败打预防针

下面的练习是心理学家唐纳德·梅肯鲍姆（Donald Meichenbaum，1985）开发的策略。他假设人们可以通过练习在压力事件之前、期间和之后的想法和行为来为应对压力做好准备。对小而安全的压力的想象可以让我们“形成免疫”，就像接种疫苗可以预防疾病一样。在下面的练习中，压力事件是“失败”的可能性（例如，达不到目标、犯错误、表现不佳或在受到批评时忘记使用自尊技巧）。

第一步：在任何对你有意义的陈述前打钩，作为你应对错误和挫折的策略的一部分。

压力事件之前

- □成功是很有趣的，但如果我没成功，那并不是世界末日。
- □我是新手，所以在掌握诀窍之前我会小心一点。
- □我认为这是一个新的挑战，而不是一个问题或威胁。
- □这是一份礼物（一个机遇、一次冒险或挑战），而不是问题。
- □我会带着好奇心，而不是恐惧或自我怀疑来处理这个问题。
- □我的目标是把工作做好。我不会用完美主义毁掉这段经历。
- □我和任何人一样有权尝试。
- □我会用一些小步骤和方法来寻找成功。我会放下对自己苛刻的要求。
- □我可以在对事实和结果没有绝对把握的情况下开始行动。
- □我有权决定什么对我是最好的，并且自信地（而不是歉疚地）执行这个决定。
- □我冷静地审视我的行为可能带来的结果。
- □如果我对错误不紧张，我会更有创造力。

- □我的重点是发展，而不是错误。
- □我可以去尝试，去“失败”。
- □我会选择看起来最好的课程。
- □我会放松，考虑不同的方法及其可能的后果。然后我会尽我所能做出最好的选择。
- □我很乐观，愿意接受一切可能。
- □这个挑战对我有什么要求？我能做出怎样的现实准备？
- □我不需要做到完美。
- □在这个过程中尝试和延展可能会很有趣。
- □我不怕冒险，也不怕失败，因为我的价值来自内心。
- □最糟糕的情况是什么？

压力事件期间

- □这很难。放松并专注于任务。
- □一步一步来。对小小的成功感到高兴。
- □可惜事情不是完美的，但也不是灾难。
- □每个人都会犯错误，都有不完美的地方。我为什么要假设我没有呢？
- □设法去超越和改变这些不完美是很重要的。
- □放松，享受过程，享受小的不如意和所有困难。
- □我不是神，我是人。我可以不完美。我会尽力的。
- □我会把重点放在这个过程上。结果自然会水到渠成。
- □我要一步一步来。
- □记住要幽默，它提醒我，我既不像我希望的那样伟大，也不像很多人可能认为的那样不好。
- □这让我意识到我目前的局限性。

压力事件之后

□我曾有弱点。但那是过去式了。现在是现在。

□我只是个初学者，初学者会犯错误是正常的。

□这不是我余生的路标。

□我充满希望。

□我有责任了解情况，但不一定要承担过错，我也不会责怪自己。

□我的判断力和表现都不好，但我还不错。

□好吧，现在怎么办？我现在有什么选择？

□这暴露了我的一个弱点——这是我的一部分，不是我的全部。

□脆弱的部分是我不完美的地方。我的核心是有价值的。

□因为这件事，我爱我自己。

□经过这段时间，我仍然在这里，仍是我自己。

□当我不完美时，我有勇气去爱自己（这是我成长的基础）。

□不管发生了什么，我仍然是有价值的、珍贵的、独一无二的。

□我承认有时候我是这样的。这让我失望。我可以为此做点什么。

□我接受我的样子，我也爱我不完美的部分。这种爱给了我在这些方面成长的安全感。

□不管看起来有多糟，有些事情进展还是很顺利的。我获得了智慧和经验。

□我会改变我的路线，这样我会更快乐。

□我是可以改变和成长的。

□我能成就我的未来。

□我可以利用过去的经验，把它们转化为优势。

□我有权利每天改进和发展。

□我有权利犯错。我有足够的能力来接纳它们，并尽我所能来修复它们。

- □这会过去的。
- □这将帮助我变得更好、更聪明、更强。
- □我有权纠正我的路线。
- □这次错误是一个途径，让我看到我在做什么，以及我想纠正什么。
- □这并不是真正的失败，而是走向成功的努力。
- □与其说“失败”，不如说是错误的选择、错误的判断、错误的步骤、错误的开始、短暂的迷失、短暂的停顿，或没有达到目标。
- □从中吸取足够的教训，并且会在下次改进。
- □错误告诉我什么是我想改进和纠正的，什么是行不通的。
- □下一次我会做得更好。
- □错误使我有人情味，我也易犯错误，就像其他任何人一样。
- □如果初试不成功就是失败，那我的确搞砸了……
- □好吧，所以我搞砸了10%——剩下的我都做得很好。
- □即使我还没看到，这也有好的一面。
- □虽然做出这么荒唐的事，但我还抱有希望，这不是很好吗？
- □我有时会因为自己的弱点或者不完美而谴责自己，这不是很有趣吗？
- □我犯了个错误。我本人不是个错误。
- □我不是我的错误。我的生活中不止这些。
- □我错了，现在我将要回到我好的状态。
- □我做过一次了。我要再做一次。
- □我相信事情会好转的。
- □好吧，这件事我处理好了。我也能应付其他挑战。
- □这不是世界末日。

□我的低落并不是我的结局。

□明天太阳会升起。

□覆水难收，这是过去的事了。

□在完全放弃之前，没有人是“失败者”。

□我不会被打败两次：一次是被环境打败，一次是被自己打败。

□最终我会进步的。我将会有另一个机会。

□这是一项困难而复杂的任务。由于我缺乏经验，事情变得更困难了。

□下一次我将会学到什么？

□我不可能控制一切。

□失败的是一件事，而不是一个人。

□现在我真的要学点东西了。

□失败不是终点。请重新开始。

□若干年后，真的会有人关心这个吗？

第二步：写下15个你最想记住的陈述，在你的行为没有达到目标之前、期间以及之后告诉自己这些话。它们不必来自上面的列表。

压力事件“之前”的陈述

1.______________________________

2.______________________________

3.______________________________

4.______________________________

5.______________________________

压力事件“期间”的陈述

1.______________________________

2. ______________________________

3. ______________________________

4. ______________________________

5. ______________________________

压力事件“之后”的陈述

1. ______________________________

2. ______________________________

3. ______________________________

4. ______________________________

5. ______________________________

在接下来的三天中，选择一个具有“失败可能性”的事件。花15分钟在心理上排练，你在“失败”之前、期间和之后的想法。

小结

在这一部分，我们探讨了自尊的第三个基石——成长及其相关的重要观念和技能。

回顾重要观念：

1. 成长是一个持续的过程，永远不会完全完成。
2. 成长过程是一种爱的方式。之所以令人满意，是因为它始于安全的内在基础——价值和爱。

3. 从情感上讲，成长意味着，“我内心很高兴，不惧成长——成长使我变得更好”。
4. 攀登很难。期待努力。
5. 成长不是竞争性的或比较性的。你可以选择你的路线和步伐。如同减重计划和锻炼，明智的做法是选择一种你可以终生保持的步伐。
6. 成长意味着与他人一起提升。
7. 成长源于“不断进步”的人生原则并能享受其中。
8. 成长就像爬楼梯，不仅是到达某个地方——你无须通过“到达”来体验自尊，你只需要在心里知道，你正在路途中前进。

回顾学到的技能：

1. 尽管我不完美……然而……
2. 盘点好的品质。
3. 原谅自己和他人。
4. 安排愉快的活动。
5. 给失败打预防针。

思考三个问题：

1. 对我最有意义的观点是：____
2. 我最想再用一次的技能是：______________________________________
3. 我现在需要做什么？有没有技能是我想多花一些时间来学习的？（如果是这样，请花一些时间练习。）

____

后 记

- 每个人都是以奇迹般的方式被创造出来的——认识到这一点并心怀感激，我们才能满足而快乐地成长。
- 不要让错误、批评、没有达到的目标、过去的创伤、缺乏金钱或地位，或任何其他外部因素定义你。每个人都太珍贵、太复杂，不应该被如此狭隘地定义。
- 我们探索了各种建立自尊的技能。和其他技能一样，自尊技能也需要通过时间来获取，通过练习以保持。也许你无须过多的有意识的思考就能将其中一些融入生活，也许其他技能将需要你有意识地留出时间来练习。
- 时不时地温习这些有价值的技能。如果生活抛给你一个困境，让你的自尊水平有所下降，记得再来看看这本书，并练习那些对你有意义的技能。如果自尊可以建立一次，那么它就可以再次被建立。
- 像其他重要的健康实践一样，自尊心的建立和维护是一个持续的过程，但重建健康自尊的技能一旦被掌握，便几乎成为第二天性，因此更容易应用。

- 为了总结并巩固对你最重要的技能，请复习整本书，并在下面列出你最想记住的观念和技能。这个清单也可以在困难时期作为快速提醒。

你最想记住的观念：______________________________

____

你最想记住的技能：______________________________

____

参考文献

Alexander, F. G. 1932. *The Medical Value of Psychoanalysis*. New York: Norton.

Borkovec, T. D., L. Wilkinson, R. Folensbee, and C. Lerman. 1983. "Stimulus Control Applications to the Treatment of Worry." *Behavior Research and Therapy* 21: 247-50.

Bourne, R. A., Jr. 1992. "Rational Responses to Four of Ellis' Irrational Beliefs." Unpublished class handout presented by the Upledger Institute, Palm Beach Gardens, FL.

Bradshaw, J. 1988. *Healing the Shame That Binds You*. Deerfield Beach, FL: Health Communications, Inc.

Briggs, D. C. 1977. *Celebrate Yourself: Making Life Work for You*. Garden City, NY: Doubleday.

Brothers, J. 1990. "What Really Makes Men and Women Attractive." *Parade*, August 5.

Brown, S. L., and G. R. Schiraldi. 2000. "Reducing Symptoms of Anxiety and Depression: Combined Results of a Cognitive-Behavioral College Course." Paper presented at Anxiety Disorders Association of America National Conference, Washington, DC, March 24.

Burns, D. 1980. "The Perfectionist's Script for Self-Defeat." *Psychology Today*, November, 34-51.

Burns, G. 1984. *Dr. Burns' Prescription for Happiness*. New York: G. P. Putnam's Sons.

Canfield, J. 1985. "Body Appreciation." In *Wisdom, Purpose, and Love*. Santa Barbara, CA: Self-Esteem Seminars/Chicken Soup for the Soul Enterprises. Audiocassette.

———. 1988. "Developing High Self-Esteem in Yourself and Others." Presentation at the Association for Humanistic Psychology, 26th Annual Meeting, Washington, DC, July.

Childers, J. H., Jr. 1989. "Looking at Yourself Through Loving Eyes." *Elementary School Guidance and Counseling* 23: 204-9.

Childre, D., and D. Rozman. 2003. *Transforming Anger: The HeartMath Solution for Letting Go of Rage, Frustration, and Irritation*. Oakland, CA: New Harbinger.

———. 2005. *Transforming Stress: The HeartMath Solution for Relieving Worry, Fatigue, and Tension*. Oakland, CA: New Harbinger.

Coopersmith, S. 1967. *The Antecedents of Self-Esteem*. San Francisco: Freeman.

Cousins, N. 1983. *The Healing Heart*. New York: Avon.

Davidson, R. 2007. "Changing the Brain by Transforming the Mind: The Impact of Compassion Training on the Neural Systems of Emotion." Paper presented at the Mind and Life Institute Conference, Investigating the Mind, Emory University, Atlanta, GA, October.

De Mello, A. 1990. *Taking Flight: A Book of Story Meditations*. New York: Image Books.

Diener, E. 1984. "Subjective Well-Being." *Psychological Bulletin* 95: 542-75.

Durrant, G. D. 1980. *Someone Special Starring Everyone*. Salt Lake City, UT: Bookcraft Recordings. Audiocassettes.

Enright, R. D. 2001. *Forgiveness Is a Choice: A Step-by-Step Process for Resolving Anger and Restoring Hope*. Washington, DC: American Psychological Association.

———. 2012. *The Forgiving Life: A Pathway to Overcoming Resentment and Creating a Legacy of Love*. Washington, DC: American Psychological Association.

Frankl, V. 1978. *The Unheard Cry for Meaning*. New York: Simon and Schuster.

Fredrickson, B. L., M. A. Cohn, K. A. Coffey, J. Pek, and S. M. Finkel. 2008. "Open Hearts Build Lives: Positive Emotions, Induced Through Meditation, Build Consequential Personal Resources." *Journal of Personality and Social Psychology* 95: 1045-62.

Gallup Organization. 1992. *Newsweek*, February 17.

Gallwey, W. T. 1974. *The Inner Game of Tennis*. New York: Random House.

Gauthier, J., D. Pellerin, and P. Renaud. 1983. "The Enhancement of Self-Esteem: A Comparison of Two Cognitive Strategies." *Cognitive Therapy and Research* 7: 389-98.

Greene, B. 1990. "Love Finds a Way." *Chicago Tribune*, March 11.

Hafen, B. 1989. *The Broken Heart*. Salt Lake City, UT: Deseret Book.

Howard, C. A. 1992. Individual Potential Seminars, West, TX, August.

Hunt, D. S., ed. 1987. *Love: A Fruit Always in Season*. Bedford, NH: Ignatius Press.

Hutcherson, C. A., E. M. Seppala, and J. J. Gross. 2008. "Loving-Kindness Meditation Increases Social Connectedness." *Emotion* 8: 720-4.

Kipfer, B. A. 1990. *14,000 Things to Be Happy About*. New York: Workman Publishing.

Lazarus, A. A. 1984. "Multimodal Therapy." In *Current Psychotherapies*, 3rd ed., edited by R. J. Corsini. Itasca, IL: Peacock.

Leman, K., and R. Carlson. 1989. *Unlocking the Secrets of Your Childhood Memories*. Nashville: Thomas Nelson.

Levin, P. 1988. *Cycles of Power*. Deerfield Beach, FL: Health Communications, Inc.

Lewinsohn, P. M., R. F. Munoz, M. A. Youngren, and A. M. Zeiss. 1986. *Control Your Depression*. New York: Prentice Hall.

Linville, P. W. 1987. "Self-Complexity as a Cognitive Buffer Against Stress-Related Illness and Depression." *Journal of Personality and Social Psychology* 52: 663-76.

Lowry, R. J., ed. 1973. *Dominance, Self-Esteem, Self-Actualization: Germinal Papers of A. H. Maslow*. Monterey, CA: Brooks/Cole.

Maslow, A. 1968. *Toward a Psychology of Being*. 2nd ed. New York: Van Nostrand Reinhold.

Maxwell, N. A. 1976. "Notwithstanding My Weakness." *Ensign*, November. http://www.deseret news.com/article/705384602/Notwithstanding-My-Weakness——Nov-1976-Ensign.html?pg=all.

Mecca, A., N. Smelser, and J. Vasconcellos. 1989. *The Social Importance of Self-Esteem*. Berkeley: University of California Press.

Meichenbaum, D. 1985. *Stress Inoculation Training*. New York: Pergamon.

Michelotti, J. 1991. "My Most Unforgettable Character." *Reader's Digest*, April, 79-83.

Montegu, A. 1988. "Growing Young: The Functions of Laughter and Play." Paper presented at the Power of Laughter and Play Conference, Toronto, Canada, September.

National Geographic Society. 1986. *The Incredible Machine*. Washington, DC: National Geographic Society.

Neff, K. 2011. *Self-Compassion: The Proven Power of Being Kind to Yourself*. New York: William Morrow.

Neff, K. N. D. Self-Compassion. http://www.self-compassion.org.

Nelson, R. M. 1988. *The Power Within Us*. Salt Lake City, UT: Deseret Book.

Nouwen, H. J. M. 1989. *Lifesigns: Intimacy, Fecundity, and Ecstasy in Christian Perspective*. New York: Image Books.

Office of Disease Prevention and Health Promotion. *2015-2020 Dietary Guidelines for Americans*. US Department of Health and Human Services. http://health.gov/dietaryguide lines/2015/guidelines/

Patinkin, M. 1991. "Little Things That Make Life Worth Living." *Providence Journal-Bulletin*, April 24.

Pennebaker, J. W. 1997. *Opening Up: The Healing Power of Expressing Emotion*. New York: Guilford Press.

Pennebaker, J. W., and J. F. Evans. 2014. *Expressive Writing: Words That Heal*. Enumclaw, WA: Idyll Arbor, Inc.

Pepping, C. A., P. J. Davis, and A. O'Donovan. 2016. "Mindfulness for Cultivating Self-Esteem." In *Mindfulness and Buddhist-Derived Approaches in Mental Health and Addiction*, Advances in Mental Health and Addiction Series, edited by E. Y. Shonin,

W. van Gordon, and M. D. Griffiths. Basel, Switzerland: Springer International.

Pepping, C. A., A. O'Donovan, and P. J. Davis. 2013. "The Positive Effects of Mindfulness on Self-Esteem." *Journal of Positive Psychology* 8: 376-86. doi: 10.1080/17439760.2013.807353.

Peterson, C., M. Seligman, and G. Vaillant. 1988. "Pessimistic Explanatory Style as a Risk Factor for Physical Illness: A Thirty-Five-Year Longitudinal Study." *Journal of Personality and Social Psychology* 55: 23-27.

Petrie, A., and J. Petrie. 1986. *Mother Teresa*. San Francisco, CA: Dorason Corporation. DVD.

Piburn, S., ed. 1993. *The Dalai Lama a Policy of Kindness: An Anthology of Writings by and about the Dalai Lama/Winner of the Nobel Peace Prize*. Ithaca, NY: Snow Lion Publications.

Pippert, R. M. 1999. *Out of the Salt Shaker and into the World: Evangelism As a Way of Life*. Downers Grove, IL: Intervarsity Press.

Ratcliff, J. D. 1967-74. "I Am Joe's…" series. *Reader's Digest*.

Richards, S. L. 1955. *Where Is Wisdom? Addresses of President Stephen L. Richards*. Salt Lake City, UT: Deseret Book.

Rogers, F. M. 1970. *It's You I Like*. Pittsburgh, PA: Fred M. Rogers and Family Communications, Inc.

Rorty, R. 1991. "Heidegger, Kundera, and Dickens." In *Essays on Heidegger and Others*. New York: Cambridge University Press.

Saad, Lydia. 2014. "The '40-Hour' Workweek Is Actually Longer—by Seven Hours." Gallup, August 29. Available at http://www.gallup.com/poll/175286/hour-workweek-actually-longer?-seven-hours.aspx?g_source=average%20hours%20worked&g_medium=search &g_campaign=tiles).

Salzberg, S. 1995. *Lovingkindness: The Revolutionary Art of Happiness*. Boston: Shambhala.

Schab, L. M. 2013. *The Self-Esteem Workbook for Teens*. Oakland, CA: Instant Help Books.

Schiraldi, G. R., and S. L. Brown. 2001. "Primary Prevention for Mental Health: Results of an Exploratory Cognitive-Behavioral College Course." *Journal for Primary Prevention* 22: 55-67.

Schlossberg, L., and G. D. Zuidema. 1997. *The Johns Hopkins Atlas of Human Functional Anatomy*. 4th ed. Baltimore: Johns Hopkins University Press.

Schor, J. 1991. "Workers of the World, Unwind." *Technology Review*, November/December, 25-32.

Seuss, Dr. 1990. *Oh, the Places You'll Go!* New York: Random House.

Shahar, B., O. Szsepsenwol, S. Zilcha-Mano, N. Haim, O. Zamir, S. Levi-Yeshuvi, and N. Levit-Binnun. 2015. "A Wait-List Randomized Controlled Trial of Loving-Kindness Meditation Program for Self-Criticism." *Clinical Psychology and Psychotherapy* 22: 346-56. doi: 10.1002/cpp.1893.

Sharapan, H. 1992. Associate Producer, Family Communications, Inc., Pittsburgh, PA. Personal communication, August 20.

Sonstroem, R. J. 1984. "Exercise and Self-Esteem." In *Exercise and Sports Sciences Reviews*, vol. 12, edited by R. L. Terjung. Lexington, MA: The Collamore Press.

Tamarin, A., ed. 1969. *Benjamin Franklin: An Autobiographical Portrait*. London: MacMillan.

Thayer, R. E. 1989. *The Biopsychology of Mood and Arousal*. New York: Oxford University Press.

Worden, J. W. 1982. *Grief Counseling and Grief Therapy: A Handbook for the Mental Health Practitioner*. New York: Springer.

致 谢

我们只有站在前人的肩膀上才能看得更清楚。

首先，我要感谢已故的马里兰州大学社会学教授莫里斯·罗森伯格（Morris Rosenberg）。他理论化、细致的研究和教学，极大地激励了我对自尊的思考。同样，我也要感谢已故的斯坦利·库伯史密斯（Stanley Coopersmith）博士，他的启蒙研究与罗森伯格博士的研究相结合，为本书提供了理论基础。

特别感谢克劳迪娅·霍华德（Claudia Howard）女士，她的耐心对话、理论见解、实践观点使我的思考范围远远超出了我自己所能到达的深度。

感谢健康与人类行为学院（College of Health and Human Performance）前院长约翰·伯特（John Burt）博士，他教会我把思考变成一种爱好。和他一起教授关于人类压力和张力的课程，让我第一次有机会把关于压力和自尊的理论转向实践。

还要感谢马里兰大学的学生，他们帮助我完善了自尊教学的理论和实践。

向认知理论家和实践者们表示感谢。阿尔伯特·埃利斯（Albert

Ellis）创立了ABC模型，提出了“灾难化”和“应该”的思维模式；亚伦·贝克（Aaron Beck）创造了“自动化思维”和“歪曲”的概念，目前，“歪曲”这个术语大多出现在认知疗法中，他还提出了基本（核心）信念的观点，以及记录想法、歪曲和心情的观点；戴维·伯恩斯（David Burns）撰写了《感觉很好》（*Feeling Good*）一书，这是对贝克理论非常有用的应用。我也非常感谢拉塞尔·M. 尼尔森（Russell M. Nelson）、施洛斯伯格（L. Schlossberg）、祖德玛（G. D. Zuidema）、美国国家地理学会和拉特克利夫（J. D. Ratcliff）。

其他先驱性的研究人员和实践者在此版本中贡献了不可估量的内容。非常感谢克里斯汀·内夫（Kristin Neff）博士、莎朗·萨尔茨伯格（Sharon Salzberg）博士、詹姆斯·W.彭尼贝克（James W. Pennebaker）博士和罗伯特·D.恩莱特（Robert D. Enright）博士分别在自我同情、爱、表达性写作和宽恕研究方面所做的努力。

我特别感谢贝弗·莫尼斯（Bev Monis），他以圣洁的耐心整理了这份手稿，还有卡罗尔·杰克逊（Carol Jackson），他为第一版创作了漂亮的插图，而这一版本的插图正是基于此。

最后，我要衷心感谢所有新先驱出版社优秀、认真、鼓舞人心的同仁们，特别是帕特里克·范宁（Patrick Fanning）、尤利·加斯特沃斯（Jueli Gastwirth）、凯西·普法夫（Kasey Pfaff）、艾米·舒普（Amy Shoup）和米歇尔·沃特斯（Michele Waters）。